U0337676

国家自然科学基金项目（52304213）
河南省科技攻关计划项目（222102320017）
河南省高等学校重点科研项目（22B620002）
河南省博士后科研项目（202102057）
河南理工大学自然科学基金资助项目（B2021-7）
河南省瓦斯地质与瓦斯治理重点实验室-省部共建国家重点实验室培育基地开放基金项目（WS2021A06）
安全工程国家级实验教学示范中心（河南理工大学）资助项目

采空区煤自燃环境瓦斯运移积聚规律

李　林　陈向军／著

中国矿业大学出版社

·徐州·

内 容 提 要

本书以采空区煤自燃环境为研究背景,采用理论分析、物理模拟实验和数值模拟分析相结合的研究方法,开展了采空区煤自燃浮力效应实验并建立了相应的数值模型,系统地研究了采空区煤自燃环境瓦斯运动积聚规律,揭示了采空区煤自燃诱发瓦斯爆炸的灾害形成过程。根据流体力学理论,煤自燃区域存在气流运动加速现象,同时会产生向上运动的气流;通过设计的物理相似模拟实验,观察到煤自燃区域周围的瓦斯积聚现象;构建采空区煤自燃环境气体流动模型,结合数值模拟重现了采空区煤自燃区域瓦斯积聚现象;在此基础上,分析提出了采空区煤自燃点"多孔烟囱效应"理论,揭示采空区煤自燃诱发瓦斯爆炸的灾害形成机理;分析了加强通风对采空区煤自燃引爆瓦斯灾害的防治效果。全书内容丰富、层次清晰、论述得当,具先进性和适用性。

本书可供安全工程及相关专业的科研与工程技术人员参考。

图书在版编目(C I P)数据

采空区煤自燃环境瓦斯运移积聚规律/李林,陈向
军著. —徐州:中国矿业大学出版社,2023.11
ISBN 978 - 7 - 5646 - 5831 - 1

Ⅰ. ①采… Ⅱ. ①李… ②陈… Ⅲ. ①采空区—煤层
自燃—环境—关系—煤矿—瓦斯积聚—研究 Ⅳ.
①TD712

中国国家版本馆 CIP 数据核字(2023)第 087497 号

书　　名	采空区煤自燃环境瓦斯运移积聚规律	
著　　者	李　林　　陈向军	
责任编辑	王美柱　　满建康	
出版发行	中国矿业大学出版社有限责任公司	
	（江苏省徐州市解放南路　邮编 221008）	
营销热线	(0516)83885370　83884103	
出版服务	(0516)83995789　83884920	
网　　址	http://www.cumtp.com　E-mail:cumtpvip@cumtp.com	
印　　刷	苏州市古得堡数码印刷有限公司	
开　　本	787 mm×1092 mm　1/16　印张 7.5　字数 192 千字	
版次印次	2023 年 11 月第 1 版　2023 年 11 月第 1 次印刷	
定　　价	40.00 元	

（图书出现印装质量问题,本社负责调换）

前　言

　　中国是稳定的能源消费大国,其能源构成主要包括煤炭、石油、天然气、核能、风能、水能和非常规能源如页岩气等。近年来,在能源结构重组和能源比例调整过程中,煤炭所占比例有所下降,但煤炭仍然占据着中国能源消费版图的半壁江山。随着我国能源消耗总量不断攀升,煤炭能源消耗绝对量仍然巨大。因此,煤炭在未来一段时间内仍将为我国能源消费安全提供重要支撑。

　　我国煤炭开采以地下开采方式为主,地下煤层条件复杂,开采工程普遍受到瓦斯和火灾害的威胁。据统计,我国是世界上煤自燃和瓦斯灾害最为严重的国家,56%以上矿井具有煤层自燃倾向性,高瓦斯矿井数量占煤矿总数量的70%以上;我国煤矿中受煤自燃与瓦斯耦合灾害影响的煤矿数量占比高达49%。矿井中由煤燃烧(含煤自燃)引发的重大瓦斯爆炸事故会造成严重的人员伤亡。因此,防治矿井煤自燃可能引发的瓦斯爆炸灾害一直是煤矿安全生产的重点工作。

　　煤矿采空区是煤自燃灾害易发地点,也是瓦斯解吸运移的重要场所。随着煤炭开采深度和强度的增加,煤自燃灾害与瓦斯灾害日益严峻,严重威胁着煤炭安全开采。采空区煤自燃诱发瓦斯爆炸灾害能造成重特大人员伤亡事故,并导致煤尘、粉尘爆炸和矿井通风系统紊乱等次生灾害。因此,采空区煤自燃诱发瓦斯爆炸灾害的形成过程研究及灾害防治技术效果研究对煤矿生产安全具有十分重要的意义。近年来,有关人员尽管开展了大量的现场工程技术研究、实验研究和数值模拟研究,采空区煤自燃诱发瓦斯爆炸的灾害形成过程仍不够清晰,灾害防治工作仍面临理论基础和技术支持不充分的难题。该灾害形成机理研究难点在于煤自燃与瓦斯爆炸灾害过程的时空演变复杂性,采空区煤自燃对瓦斯运动的具体影响在理论上较难准确分析,在实践中较难捕捉。

　　本书总结了笔者对采空区煤自燃环境瓦斯运动积聚规律的研究成果,揭示了采空区煤自燃诱发瓦斯爆炸的灾害形成过程。

　　全书共分为6章,第1章论述了采空区煤自燃灾害、瓦斯灾害和耦合灾害的研究现状;第2章介绍了采空区煤自燃环境下的气体流动模型,分析了半密闭环境下高温对气体运动可能产生的影响;第3章通过相似模拟实验,论述了采空区煤自燃环境下瓦斯运动过程中出现的积聚现象;第4章借助数值模拟软件,运用建立的采空区煤自燃环境下的气体流动模型,分析了采空区煤自燃高温区域瓦斯积聚的原因;第 5 章对比分析了煤自燃高温浮力效应的重要影响,提出多孔烟囱效应,揭示采空区煤自燃诱发瓦斯爆炸灾害的演化过程;第 6 章在多孔烟囱效应基础上,分析了加强通风对采空区煤自燃点瓦斯积聚现象的影响。

笔者在开展研究工作和整理书稿过程中,得到了秦波涛教授、Jishan Liu 教授、李宗翔教授和团队成员的帮助,衷心地向他们表示感谢! 同时,感谢国家自然科学基金项目(52304213)、河南省科技攻关计划项目(222102320017)、河南省高等学校重点科研项目(22B620002)、河南省博士后科研项目(202102057)、河南理工大学自然科学基金资助项目(B2021-7)、河南省瓦斯地质与瓦斯治理重点实验室-省部共建国家重点实验室培育基地开放基金项目(WS2021A06)、安全工程国家级实验教学示范中心(河南理工大学)资助项目、国家杰出青年科学基金项目、国家留学基金委员会“国家建设高水平大学公派研究生项目”、Joint PhD Degree Program between UWA and CUMT 和 Scholarship for International Research Fees China 的资助。感谢中国矿业大学出版社对本书出版的大力支持和帮助!

由于笔者水平所限、理论研究不断发展,书中不当和不足之处在所难免,恳请读者批评指正。

著 者

2023 年 10 月于河南理工大学

目　录

1 绪 论

中国是稳定的能源消费大国,其能源构成主要包括煤炭、石油、天然气、核能、风能、水能和非常规能源如页岩气等[1]。近年来,在能源结构重组和能源比例调整过程中,煤炭所占比例有所下降,但煤炭仍然占据着中国能源消费版图的半壁江山。随着我国能源消耗总量不断攀升,煤炭能源消耗绝对量仍然巨大。因此,煤炭在未来一段时间内仍将为我国能源消费安全提供重要支撑,煤炭资源的安全高效开采仍是重要的科研课题。

我国煤炭开采以地下开采方式为主,随着地下煤炭开采技术的发展,大采高综采综放开采已成为地下煤炭开采的重要发展趋势。煤炭综放开采技术提高了资源的回收率和开采时效,但一定程度上也增加了煤矿灾害防治的严峻性。据统计,放顶煤开采方法遗煤率约为5%,工作面端头遗煤量则更大[2-3]。工作面开采高度增大在提高煤炭采出率的同时,也增加了遗煤绝对量,遗煤的存在增大了采空区煤自燃危险性;同时,采空区接近常压空间,成为瓦斯运移积聚的重要场所。因此,采空区遗煤自燃引发瓦斯燃烧甚至瓦斯爆炸的复合灾害危险性显著增大。我国煤矿开采历史久、开采速度快和开采量大,目前很多矿井进入或即将进入深井开采阶段。随着煤炭开采深度的增加,高地温、高瓦斯含量和高地应力等无法避免的地质因素对煤矿安全开采的影响日益凸显[4-5]。地层温度随埋深逐渐升高,更高的地温对煤体具有预热作用,增大了煤自燃危险性。煤层瓦斯储量随埋深增加而增大,深部煤体较低的渗透性系数增大了瓦斯抽采难度,增加了瓦斯灾害危险性。因此,在煤炭开采深度增大过程中,煤矿采空区遗煤自燃危险性具有增大趋势,瓦斯灾害治理形势更加严峻,采空区煤自燃诱发瓦斯爆炸灾害危险性显著增大[6-9]。2003年,黑龙江宝兴煤矿采空区密闭内因浮煤自燃引燃瓦斯导致爆炸,造成32人死亡;2006年7月22日,葫芦岛永安煤矿因工作面上部采空区火源冒落诱发瓦斯爆炸,造成4人死亡,1人轻伤;2010年7月18日,辽宁大窑沟煤矿一工作面采空区内煤炭自热导致瓦斯爆炸,造成4人死亡,13人受伤;2013年3月29日,吉林八宝煤业有限责任公司在封闭采空区过程中煤自燃引发瓦斯爆炸,造成53人死亡;2014年3月12日,皖北煤电集团任楼煤矿采空区煤层自燃导致瓦斯爆炸,造成3人死亡,1人受伤;2014年6月3日,南桐矿业公司砚石台煤矿采空区煤层自燃导致瓦斯爆炸,造成22人死亡,1人受伤。部分矿井统计数据显示,瓦斯与煤自燃耦合灾害矿井数占统计矿井总数的32.3%,占自然发火矿井数的44.84%,占突出/高瓦斯矿井数的67.2%[6]。采空区煤自燃诱发的瓦斯爆炸灾害严重威胁煤矿安全生产,不仅在灾害形成地点造成人员伤亡和矿井设备设施的破坏,还可能引发多次爆炸和矿井通风系统紊乱等一系列严重的次生灾害。国家科技部门一向重视重大灾害的监测、预测和救援基础研究,不断出台政策措施推动采空区煤自燃诱发瓦斯爆炸灾害等煤矿灾害相关科研工作开展[10]。

采空区作为多孔介质空间,具有空隙空间大、裂隙连通性强等重要特点。由于进入采空区空间较为困难,采空区灾害防治一般采取灾害位置研判和治理措施定点实施相结合的办法。实际采空区煤自燃点位置的确定较为困难,而采空区特殊的空间特征使灾害治理措施受限,灾害治理措施难以发挥较好的防治效果。因此,结合采空区灾害形成环境和形成要素,研究掌握采空区遗煤自燃诱发瓦斯爆炸的灾害形成机理,采取针对性措施中断和消除灾害形成因素,对煤炭资源安全高效开采具有重大意义。

1.1 煤自燃特性及防治技术研究

煤自燃是煤氧化过程中物理化学反应放热的结果,煤自燃过程中表现的具体特征与煤的内部基础特性以及外部氧化条件有关。煤的内部基础特性包括煤化程度、煤分子结构、煤孔隙结构和煤的比热容等;煤的外部氧化条件包括氧气浓度、含水量、煤的粒度和蓄热环境等。因此,不同基础特性的煤在变化的氧化条件下表现的氧化特点也不尽相同。一般从煤的氧化阶段、指标性气体和耗氧速率等方面分析煤氧化放热特性。对不同条件下煤自燃特性的研究,有助于全面了解和揭示煤自燃机理,合理地制定煤自燃灾害防治措施。

煤自燃过程一般可分为三个阶段,即准备期、自热期和燃烧期。煤自燃过程中的耗氧量基本符合负指数函数衰减规律[11-12]。在煤自燃准备期,煤体温度缓慢升高,耗氧速率小;进入煤自燃自热期后,煤氧化放热量变大,煤体温度开始迅速升高,氧气消耗速度加快,并产生一系列指标性气体如乙烯和乙炔等;当煤体温度超过着火温度时,煤体发生自燃,进入燃烧期[11]。对应煤自燃的宏观现象,进一步的细微观研究发现煤体结构在这三个阶段也发生了变化。煤分子结构研究显示,在煤氧复合过程中,多种活性结构参与了煤的氧化过程[13-14]。煤氧化热反应满足一级化学反应动力学机制,煤分子结构中不同的官能团分步活化[15-17]。氧分子先与煤分子中的活性基团反应,产生活泼性较高的中间体、反应物和热量。煤体温度随反应进行不断升高,煤中官能团活化能逐渐降低导致氧化反应加速,产生大量热量[18-19]。当煤体温度进一步升高时,较强还原性的官能团数量不断减少,类含氧基团数量不断增加。官能团不断参与反应并产生热量,当热量积聚使温度超过煤的着火温度时,就发生了煤自燃。煤自燃过程中的特点在不同外部氧化条件下也会发生变化,水分、贫氧、惰性气体、甲烷和二次氧化等环境都能够影响煤的氧化进程。煤在不同水分环境下,吸氧量、放热量和氧化过程会发生不同的变化,浸水煤样的耗氧速率会提高且标志性气体更容易产生[20-22]。当环境贫氧程度增大时,煤自燃加速氧化阶段将会延迟,煤氧化放热量受氧气体积分数影响程度逐渐增大;氧气体积分数过低时,煤样难以在设定的温度范围内完全反应[23-24]。二氧化碳气氛下煤的活化能有所提高,氧化反应速率降低,煤的氧化反应会受到抑制;二氧化碳浓度越高,煤样氧化耗氧速率越小[25-26]。甲烷气体环境下,煤氧化产生一氧化碳的初始温度增高,相同温度条件下一氧化碳生成量减小[27]。当煤发生二次氧化时,煤氧化前期的氧气消耗速率、一氧化碳产生速率以及反应放热强度均大于煤首次氧化的相应数据;在煤二次氧化后期,煤样自燃特性参数均小于煤首次氧化的相应数据;在煤二次氧化过程中,煤分子的含氧官能团明显增多[28-29]。综上可知,煤自燃现象是一个复杂的氧化反应过程,其表现出来的具体自燃特征应根据煤自燃的内外部因素从细微观角度进行分析。煤自燃过程总体上满足其一般性规律,即煤变质程度越低越容易自燃,煤氧化速度一般随温度升高而增大,随煤粒度的增大而减小[30-31]。

实际工程中的采空区难以进入,采空区内煤自燃情况的监测和煤自燃点位置的判断较为困难。一般根据煤自燃阶段的指标性气体、氧气和瓦斯浓度分布,通过采空区束管监测系统,来分析判断煤自燃情况和采空区自燃"三带"的分布情况[32-33]。因此,采空区束管监测系统为研究采空区灾害情况提供了重要的现场数据依据。一般情况下,采空区进风侧氧化带范围比回风侧更宽,位置也更深[11,34]。尽管采空区束管监测系统能够获得一定的采空区气体环境数据,但是复杂的采空区冒落环境常常对有限的点位监测造成破坏,加剧了采空区束管监测数据的局限性,增加了采空区气体运移规律研究的难度。物理相似模拟实验研究在一定程度上解决了该问题,实验平台的自主设计和搭建大大降低了研究方案的实施难度,它可以更有针对性地监测采空区气体环境数据。在相似模拟实验中,采空区孔隙率和高温点的实现是关键,应力求接近采空区真实的煤岩环境和煤自燃灾害发生情况。通过物理相似模拟实验的合理设计,能够获得采空区气体浓度、压力和风速数据的空间分布,更全面地分析采空区煤自燃灾害特点和规律[35-40]。数值模拟进一步弥补了工程现场和物理相似模拟实验中的监测缺陷问题,实现了研究要素在全域范围内的数据分布及在时间上的演化,为研究采空区煤自燃灾害的时空演化过程提供更详细全面的方法[41-50]。更重要的是,数值模拟为工程问题的理论研究提供了可行的验证平台,在提高研究时效的同时降低了研究成本。采空区煤自燃环境下的气体运移规律研究涉及流体力学、传热传质学、多孔介质流体运动理论等内容,通过建立控制方程和耦合方程来构建相应的气体流动模型[51-65],然后通过软件模拟得到采空区氧气浓度分布、温度分布和瓦斯浓度分布规律,为采空区煤自燃灾害防治技术研究和实施提供指导。

基于煤自燃机理和采空区煤氧化环境,一系列具有较好灾害防治效果的煤自燃防治技术和产品得以研发,这些技术和产品主要包括注水泥浆液技术、注惰性气体技术、阻化剂、凝胶和泡沫材料等。这些技术和产品具有不同的特点和各自的适用条件,应根据煤矿采空区环境因地制宜地合理选用。水泥浆液主要通过隔断氧气和降温来抑制和消除煤氧化自燃[66-67]。浆液中的浆体可选用黏土、煤矸石、粉煤灰或者砂,它能够对煤体进行包裹,阻断煤氧间的接触,中断煤氧化进程;浆液液体对高温煤体可以进行快速有效的降温,抑制煤氧化。受重力影响,水泥浆液会向下流动,对低位着火点的治理效果较好。惰性气体的主要作用在于稀释氧气浓度,减少煤与氧气间的接触,达到抑制煤自燃目的[68-69]。由于惰性气体具有很强的流动性,不易在防治区域滞留,因此该方法对不明着火点和封闭区域防灭火具有较好的效果。阻化剂可分为物理阻化剂和化学阻化剂,它能够形成一定厚度和一定强度的固化层包裹煤表面,阻缓或阻断煤与氧气的接触;同时,阻化剂的化学成分能够提高煤氧化所需活化能,对煤自燃产生阻化效果。阻化剂对煤样具有选择性,不同阻化剂对相同煤样的阻化效果也不相同[70-71]。阻化剂对高位火源点等已确定的火源具有较好的治理效果。凝胶材料介于固体和液体之间,兼有固体和液体的一些特性[72-73]。凝胶材料能够在煤的表面形成保护层,隔绝氧气,阻断煤氧化;凝胶锁住的水体具有很好的降温防灭火作用,同时凝胶材料本身也是一种阻化剂。因此,凝胶具有保水、隔氧、耐热和阻化的防灭火特性,对于高位火源点等已知位置火源具有较好的防治效果。三相泡沫综合了固体、液体和气体材料的防灭火性能,利用粉煤灰或黄泥固体产生的覆盖性、惰性气体的稀释窒息性和液体的吸热降温性阻断煤体氧化进程,能够实现对煤体的长时间覆盖而抑制和中断煤氧化进程[74-75]。因此,三相泡沫对于高位火源和已知火源具有较好的防治效果。无机固化泡沫和超高水材料在泡沫和凝胶的基础上,增加了凝固堵漏的特点,在隔氧和吸热降温的基础上,后期以材料固化填充的形式减少漏风供氧以达到较好的防灭火效果[76-77]。

1.2 瓦斯爆炸特性及防治技术研究

瓦斯爆炸是压力波不断叠加并在短时间内形成强大冲击波的结果,瓦斯爆炸的破坏性一般用最大爆炸压力和最大压力上升速率描述[78-79]。煤矿井下可燃气体混入瓦斯气体中,将瓦斯爆炸发生条件整体拉低,增大了爆炸危险性[80-81]。对不同条件下瓦斯爆炸灾害的研究,既有利于爆炸危险性的识别,又有利于爆炸防治措施和救灾方案的科学制定。瓦斯在空气中发生爆炸要求瓦斯浓度在 $5\%\sim15\%$ 、氧气浓度不低于 12% 和足够能量的点火源。矿井中的电火花、煤自燃和岩石撞击摩擦产热均可成为引爆瓦斯的点火能量来源[82]。引燃瓦斯的理论温度约为 $540\ ℃$,而实验得到的瓦斯引燃温度一般在 $600\ ℃$ 以上[83]。

瓦斯爆炸灾害形成过程中,不仅爆炸要素之间能够互相影响,同时也受外部环境影响。研究显示,瓦斯点火能量越大,参与爆炸反应的自由基越容易产生,爆炸反应越快,瓦斯空气混合气体越容易被引爆,瓦斯爆炸极限范围扩大;同时瓦斯爆炸最大爆炸压力及最大压力上升速率均增大,瓦斯点火延迟时间缩短[84-85]。在高温高压环境中,瓦斯爆炸上限和下限分别升高和降低,瓦斯爆炸极限范围变大[86-87]。随着初始温度的升高,瓦斯点火延迟时间逐渐缩短,瓦斯爆炸最大爆炸压力逐渐减小。在高压环境下,瓦斯爆炸上限浓度以上的瓦斯仍然能够发生较大威力爆炸。此外,瓦斯混合气体中混入可燃性气体将增加瓦斯爆炸灾害危险性。氢气及重烃组分可以降低甲烷的爆炸下限,缩短瓦斯引爆时间,增大甲烷的爆炸威力和甲烷爆炸的危险性[88]。煤变质程度越低,析出氢气的条件越低,析出氢气量越多,瓦斯爆炸危险性越大。在瓦斯爆炸下限附近,煤尘能够促进瓦斯爆炸,降低瓦斯爆炸下限[89-90]。

瓦斯爆炸产生的危害并非局限于爆炸点附近,它能够将爆炸产生的火焰和冲击波传播至巷道甚至整个矿井通风系统中,造成严重的次生灾害事故[91]。瓦斯爆炸产生的火焰和冲击波在巷道中传播时,巷道中瓦斯爆炸火焰区长度大于瓦斯积聚区长度[92-93]。巷道中的设备设施作为障碍物能够增大瓦斯燃烧火焰前锋的褶皱度,提高瓦斯燃烧火焰前方未燃气体湍流强度以及火焰内部的湍流强度,加剧瓦斯燃烧火焰的传播[94-95]。巷道分叉、面积突变也会加剧湍流现象,使瓦斯爆炸过程中火焰的传播速度迅速增大[96-97]。爆炸波的传播速度明显高于火焰的传播速度,二者之差与位置和障碍物数量有关[98-99]。采空区煤自燃引爆瓦斯和空气混合气体是采空区发生瓦斯爆炸的重要形式,同时遗煤自燃过程中产生的可燃气体如一氧化碳和乙烯等,进一步扩大了瓦斯爆炸极限,增加了瓦斯爆炸灾害发生的可能性[100-101]。在井下火区封闭过程中,风速的降低会导致瓦斯积聚,当积聚瓦斯扩散运移至高温热源时,将会引发瓦斯爆炸;若高温烟气逆向流动进入瓦斯积聚区,同样能够引发瓦斯爆炸[102-103]。

瓦斯爆炸的防治技术主要是在瓦斯混合气体中掺入抑爆性物质以缩小爆炸极限范围、增大引爆难度和破坏爆炸的链式反应。这些抑爆性物质包括惰性气体、液雾性水体和粉粒性固体。研究显示,惰性气体二氧化碳能够抑制灾害气体及链式反应自由基的产生,延迟瓦斯爆炸时间,减弱瓦斯爆炸强度[104-105]。惰性气体氮气能有效减小瓦斯爆炸基元反应速率,当氮气幕中氮气的喷气压力足够时,氮气幕能够产生稳定的阻爆效果[106-107]。对比惰性气体影响下混合气体的瓦斯爆炸极限范围发现,二氧化碳的抑爆效果优于氮气[108]。在降低瓦斯爆炸强度方面,二氧化碳比水的效果更好[109]。水能够破坏瓦斯爆炸链中的链载体,降低瓦斯爆炸反应能力。增大瓦斯混合气体中的水分含量,瓦斯爆炸能力、爆炸强度和爆炸极限浓度范围将会下降和缩小。因此,水雾和水蒸气都能够发挥较好的瓦斯爆炸抑制作用[110-112]。固体硅藻土通过其微孔结构和表面羟基可以降低瓦斯爆炸最大压力和最大压力上升速率,并延迟压力峰值时间,对瓦斯爆炸产生抑爆效果[113-114]。纳米级粉体硅藻土比微米级粉体硅藻土的抑爆效果更好[115]。消除点火源也是防止瓦斯爆炸的重要环节,作为重要点火源的煤自燃,其防治技术已在上节介绍,这里不再赘述。

1.3 采空区煤自燃与瓦斯耦合灾害研究

采空区漏风风流和多孔介质环境为遗煤自燃提供了氧化条件和蓄热环境,产生了采空区遗煤自燃灾害危险性。同时,煤层开采形成的采空区对周围煤体产生了较强的卸压作用,解吸出来的瓦斯通过煤体中产生的裂隙和空隙向采空区运移积聚。当采空区瓦斯运移至煤自燃点附近时,煤自燃就可能引燃瓦斯并进一步发展成为瓦斯爆炸灾害。随着煤炭开采深度的增加,采空区煤自燃灾害和瓦斯积聚现象呈加剧趋势。因此,采空区煤自燃诱发瓦斯爆炸灾害防治工作日益严峻,对采空区煤自燃诱发瓦斯爆炸的灾害形成机理和防治技术效果的研究亟待进一步深入开展。目前,采空区煤自燃诱发瓦斯爆炸灾害的研究以理论分析和数值模拟研究为主,物理相似模拟实验研究和工程研究为辅。

理论分析认为,在采空区煤自燃点火风压影响下,煤自燃区域和非自燃区间的气体对流能够增加煤自燃引燃瓦斯可能性[8,116]。在这个过程中,煤自燃火灾产生可燃气体,自燃点存在气体的升浮-扩散效应,可燃气体上升过程中与冒落岩石对流换热并卷吸周围的瓦斯形成高浓度混合气体,当瓦斯混合气体中瓦斯浓度和气体温度达到爆炸条件时,就会导致爆炸发生[116]。在复杂的采空区环境中,降低瓦斯浓度和防治煤自燃成为煤自燃诱发瓦斯爆炸灾害防治的重要途径。由于采空区数据监测难度较大,防灾减灾措施效果评价仍以有限的分析为主。美国煤矿生产通风设计通常采用 Bleederless 通风方式在单向风路中降低采空区瓦斯浓度[117]。这种通风方式中,工作面胶带巷和轨道巷通常均为进风巷道,新鲜风流经工作面将污风送入采空区两侧巷道,途径若干老采空区,最终污风风流通过采区后部的通风机直接排出矿井[118]。该方法避免了较长的通风路线,能够较快地排出有毒有害气体。然而,风流运动过程中历经多个老采空区,增大了采空区煤自燃危险性,因此仍存在较大瓦斯爆炸危险性。在欧洲、澳洲和中国,为减少采空区煤自燃灾害发生,煤矿工作面采用"U"形通风方式较为普遍,这种通风方式能够减少采空区漏风风流,降低煤自燃的可能性,从而降低瓦斯爆炸的危险性[118-119]。这种通风方式下,仅在采空区部分区域存在一定程度的漏风风流,大大缩小了采空区中可能发生煤自燃灾害的面积,一定程度地抑制了采空区煤自燃的发生概率[120-121]。但是由于漏风风流稀释作用有限,这种通风方式会导致采空区瓦斯运移积聚现象,增大了煤自燃诱发瓦斯爆炸的危险性。物理相似模拟实验在一定程度上克服了采空区数据监测的难题,为采空区复杂环境中的瓦斯运移规律研究提供了新的研究方法。"J"形通风方式下的采空区瓦斯运移较为复杂,它利用采空区的回风巷道作为瓦斯排出通道,通过设置的局部通风机形成瓦斯抽排系统,该通风方式能够通过采空区大量漏风风流将瓦斯从排瓦斯巷道排出,有效地降低工作面上隅角瓦斯积聚浓度,但采空区煤自燃危险性增大[122]。通过物理模拟实验对比"U"形、"U+L"形和"U+I"形通风方式下的结果发现,"U+I"形和"U+L"形通风方式更有利于降低工作面上隅角瓦斯浓度,同时模拟结果还显示采空区漏风风流在进回风侧两边界处较大,在采空区中间偏回风侧位置最小[37,123]。当选用煤渣等热物性与煤、岩较为接近的材料进行采空区填充时,通过数值模拟验证了物理相似模拟实验的可行性[124]。以沙子作为采空区填充材料时,当采空区存在煤自燃点条件下,采空区漏风风流运动规律决定了瓦斯浓度分布规律,即瓦斯浓度在走向和倾向上均为单调增加趋势[125-126]。采空区瓦斯抽采的物理相似模拟和数值模拟研究均表明,上覆岩层的裂隙发育为采空区浮煤氧化提供了漏风通道,采空区瓦斯抽采为漏风风流提供了动力,改变了采空区的流场流态,加剧了采空区漏风和浮煤氧化,扩大了采空区氧化带范围,不利于采空区自然发火防治[64,127-131]。数值模拟能够较好地克服采空区数据随时间变化的监测难题,丰富了对采空区环境的研究和认识。数值模拟建立在相应的数学模型上,并在几何模型中得以实现。采空区流场数学模型通常由控制方程和耦合方程构成,控制方程一般包括质量守恒方程、动量守恒方程和能量守恒方程,耦合方程一般包括气体组分运输方程和采空区孔隙率分布方程[58,61,65]。通过在采空区几何模型中对采空区流场数学模型求解,可以得到采空区孔隙率分布、瓦斯浓度分布、氧气浓度分布和温度分布,以及这些参数随时间的变化情况。当前研究认为,以上四场的交叉应作为重要的分析模型进行研究[6]。研究显示,采空区氧气浓度分布在走向和倾向上均呈现递减趋势[48,52,54,60]。煤自燃升温与氧气耗氧速率相关,因此采空区煤自燃高温点分布与氧气浓度分布呈现一定关系,煤自燃点一般出现在采空区进风侧和回风侧[48,54,59]。采空区瓦斯浓度分布则呈现与氧气浓度分布相反的趋势,即采空区瓦斯浓度分布在走向和倾向上均呈现递增趋势[48,52,54,60]。采空区瓦斯抽采措施则会增大采空区煤氧化自燃带,增大煤自燃危险性[64]。采空区数值模拟能够得到更丰富的研究信息,但需要更多的实验结果和工程实践结果进行验证,以不断完善采空区流场数学模型。由于采空区环境的复杂性,对采空区煤自燃与瓦斯耦合灾害开展系统的研究难度较大,不仅需要牢固的理论依据,还需要科学合理的实验研究和工程实践研究。

在不断深入的研究进展下,煤自燃和瓦斯爆炸的灾害机理及防治技术分别取得了丰硕的研究成果,但针对采空区煤自燃诱发瓦斯爆炸灾害形成过程的系统性理论、实验研究和现场研究尚不充分,研究方法孤立且缺少相互验证,该灾害的形成机理和防治技术效果研究亟待进一步开展。煤矿采空区煤自燃与瓦斯运移互相影响和复杂多变的灾害性质,增加了井下煤自燃环境瓦斯爆炸危险性判定及灾害防治的难度。煤矿井下煤自燃火灾的复杂性在于煤自燃与瓦斯运移形成的复合灾害是一个时空动态变化过程,涉及物理过程、化学过程、热力学过程、传热传质过程的复杂双向耦合。目前国内外缺少对这类复合灾害时空演化过程及规律的系统研究,无法掌握煤矿采空区煤自燃诱发瓦斯爆炸的灾害形成机理、过程特点和相应的灾害防控理论,不能有效避免煤自燃诱发瓦斯爆炸灾害的发生。采空区煤自燃诱发瓦斯爆炸灾害的形成是一个动态的时空演变过程,其在时间和空间上的连续性为该灾害的形成机理和防治技术效果研究提供了新的切入点。

2　采空区煤自燃环境气体流动模型

多孔介质载体是科学研究和工程问题中常见的研究对象,多孔介质中的孔隙和裂隙增加了对流体运动和受力分析的研究难度[132-133]。受孔隙率、孔隙连通水平和迂曲度等因素的影响,多孔介质中的流体运动通常更加复杂。采空区是典型的填充型多孔介质空间,受煤炭开采作业影响(如采空区漏风、遗煤自燃和采空区瓦斯抽采等现象和措施),多孔采空区气体运动研究难度进一步增大。不同于固体受力分析,流体在运动过程中容易发生大的变形,该特点不利于对流体进行质点受力分析。因此,通常采用欧拉法对流体运动进行分析描述,欧拉法不直接分析研究质点的运动规律,而以流体运动空间即流场作为对象进行分析[134-135]。欧拉法原理示意图如图 2-1 所示,它取流场中某一固定单位空间(控制体)作为研究载体,从质量、动量和能量守恒角度分析流体质点在流经该控制体时各种性质和参数的变化。取采空区遗煤自燃高温点一单位空间为研究对象(控制体),可根据守恒定律定性分析单元体内气体流动的变化情况,如流速大小、流速方向和气体温度的变化规律。

图 2-1　欧拉法原理示意图

从质量守恒角度分析可知,采煤工作面产生的漏风风流作为质量流入项(从控制体外部进入产生的增加量)进入煤自燃高温点控制体,同时高温点控制体内的气体向外部流出(从控制体内部流出产生的减少量)。根据理想气体状态方程可知,煤自燃高温点控制体内的高温将会降低气体密度。由于局部煤自燃点的存在,流入和流出煤自燃高温点控制体的气体温度并不同。以控制体为例分析,煤自燃高温点控制体的流入气体温度低于流出气体温度,流入气体密度大于流出气体密度。为了满足质量守恒定律,不同密度的气体需要产生相同的气体质量流量,这必然导致流入和流出气体体积流量的不同。密度小的气体需要更大的体积流量,密度大的气体需要更小的体积流量。因此,在单位控制体对应截面上的气体体积流量不同,直观地表现为流经控制体对应截面的气体速度不同,即低温高密度气体流动速度较小,而高温低密度气体流动速度较大。这也解释了流体经高温区域升温后产生的流速加快现象。因此,采空区遗煤自燃高温点附近必然会发生空气温度升高和气体流速增大的现象。

从动量守恒角度分析可知,采煤工作面产生的漏风风流作为动量流入项(从控制体外部流入产生的增加量)进入煤自燃高温点控制体,高温点控制体流出气体所携带的动量是动量流出项(从控制体内部流出的减少量)。此时,煤自燃高温点控制体中产生两个外力影响动量变化,一个是不同气体组分间密度差产生浮力而引起的自然对流作用力,另一个是局部高温加热改变气体密度产生局部浮力导致的自然对流作用力。流体在竖直方向上存在密度差时,在重力作用下会产生浮力,这是形成自然对流的根本原因。采空区存在瓦斯和空气等气体的混合气体环境,瓦斯密度小于空气的密度,瓦斯受较小重力会产生上浮运动;另外,采空区气体流经煤自燃高温点时被加热,高温气体与周围的常温气体产生密度差,在高温点产生热浮力效应导致局部气流上升。因此,采空区煤自燃高温点附近必然会发生气体温度升高和气流上升现象。

从能量守恒角度分析,采煤工作面产生的漏风风流所具有的动能和内能作为能量流入项(从控制体外部流入的增加量)进入煤自燃高温点控制体,高温点控制体流出流体所具有的动能和内能为能量流出项(从控制体内部流出的减少量)。高温点控制体内的煤自燃产热则作为源项对控制体内的气体能量变化起到重大影响作用,其表现为气体温度升高、气体流速增大和气体向上运动等。由于采空区煤自燃点附近气体流动速度低,能量的转移转化形式以热传导为主,并伴随一定程度的流体固体对流换热。采空区作为复杂的多孔介质环境,其中的气体运动相当复杂,气体和固体的热物理性质对煤自燃高温点控制体内的能量转移转化产生较明显影响。能量方程的合理建立也将通过影响流体温度和密度来改变采空区煤自燃点气体运动规律。

从流体力学理论角度定性分析可知,采空区煤自燃高温环境流场中存在一个复杂的多场耦合作用,煤自燃高温会对气体温度、气体密度、气体流速和气体运动方向产生重要影响;同时,气体运动状态也会反作用于煤自燃点热量的转移转化过程。因此,对该问题的合理分析和流体流动模型的科学构建有助于理解和解释工程现象及实验结果。采空区气体流动模型需要将描述一般流体运动规律的欧拉流体动力学方程和描述采空区特殊环境的耦合方程进行统一构建,并需要设置合理的边界条件,如图 2-2 所示。欧拉流体动力学方程也称为控制方程,主要包括质量守恒方程、动量守恒方程和能量守恒方程;耦合方程一般包括采空区孔隙率分布方程、煤自燃耗氧升温速率方程、气体组分运输方程。

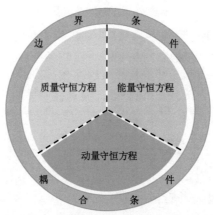

图 2-2 采空区流场方程组示意图

2.1　控　制　方　程

　　控制方程定义了流体运动必须遵循的三个规则,即质量守恒、动量守恒和能量守恒。三个守恒方程分别从质量、动量和能量角度描述了流体在运动过程中的密度与速度、外力与动量和温度的变化信息。控制方程的形式较为固定,但这些方程在不同的流动环境中所传递的信息存在较大差别。因此,对控制方程的理解应紧密结合流体流动环境才能有针对性地解释相应的流体运动现象。

2.1.1　质量守恒方程

　　质量守恒方程适用于可压缩和不可压缩流体,通过计算控制体流入流体质量、流出流体质量和控制体内的质量源汇项之和,确定控制体内流体质量变化情况。这里,仍取采空区煤自燃高温点一单位空间为控制体作为研究对象,以流体密度和控制体体积乘积形式表示流体质量。在控制体 x、y 和 z 方向上分别存在一对控制面,这六个面共同组成了封闭控制体,基于控制体的质量守恒方程形式如下[136-137]:

$$\frac{\partial \rho}{\partial t}dxdydz + [(\rho u + \frac{\partial \rho u}{\partial x}dx) - \rho u]dydz + [(\rho v + \frac{\partial \rho v}{\partial y}dy) - \rho v]dxdz +$$

$$[(\rho w + \frac{\partial \rho w}{\partial z}dz) - \rho w]dxdy = qdxdydz \tag{2-1}$$

式中　　ρ ——流体密度,kg/m^3;

　　　　u,v 和 w ——流体在 x,y 和 z 方向上的流动速度,m/s;

　　　　q ——控制体内源/汇项,$kg/(m^3 \cdot s)$;

　　　　t ——时间,s。

　　式(2-1)消除同类项并除以体积后,其形式化简如下:

$$\frac{\partial \rho}{\partial t} + \frac{\partial \rho u}{\partial x} + \frac{\partial \rho v}{\partial y} + \frac{\partial \rho w}{\partial z} = q \tag{2-2}$$

　　应用数学运算规则做进一步简化后,质量守恒方程表达式如下:

$$\frac{\partial \rho}{\partial t} + \nabla \cdot (\rho \boldsymbol{u}) = q \tag{2-3}$$

式中　　$\boldsymbol{u}$ ——流体速度矢量。

　　在多孔介质中,流体的达西流速与流体的渗流流速并不相同。二者区别在于,流体的达西流速表示整个横截面上的平均流速,而流体的渗流流速则表示横截面上开放孔隙里的流速。多孔介质中流体的达西流速与流体的渗流流速可通过二者关系进行转换,其转化规则如下[138]:

$$u_d = \frac{u_s}{\varphi} \tag{2-4}$$

式中　　u_d ——流体达西流速,m/s;

　　　　u_s ——流体渗流流速,m/s;

　　　　φ ——多孔介质孔隙率。

　　由于采空区孔隙率变化范围较大,气体达西流速和气体渗流速度在采空区存在较明显差异,气体流动速度转换是重要的也是必需的。气体流动速度转换后,多孔介质环境下的质量守恒方程形式如下：

$$\varphi \frac{\partial \rho}{\partial t} + \nabla \cdot (\rho \boldsymbol{u}_s) = q \qquad (2\text{-}5)$$

值得注意的是，现有研究中一般将气体密度作为常量考虑，将式(2-5)中等号左边第一项作为零处理。在研究采空区煤自燃环境下的气体运动时，该做法是需要慎重考虑的。当采空区气体流经煤自燃高温点时，气体密度的降低是不可避免的，气体密度的变化程度与温度、位置和时间相关。根据质量守恒方程(2-5)，流体密度的变化必将导致流体速度的变化，其变化趋势可概括为三类情形，如图 2-3 所示。在质量源/汇项为零的情况下，当控制体内流体密度保持不变时，质量守恒方程中的时间项即式(2-5)中等号左边第一项为零，质量守恒方程中仅存在流体质量流入项和流体质量流出项。流体密度保持不变时，气体流入速度必须等于气体流出速度才能满足质量守恒定律，即图 2-3 所示情形 1，该情形适用于煤自燃高温点影响范围外的采空区气体运动分析。当控制体流体密度减小时，如流体被高温加热，质量守恒方程中的时间项为负值，此时控制体的流入气体密度大于控制体流出气体密度。要满足质量守恒定律，气体流出体积必须大于气体流入体积，从而导致气体流出速度大于气体流入速度，即出现气体速度加快现象，如图 2-3 所示情形 2，该情形适用于气体流入煤自燃高温点影响范围时的气体运动分析。当控制体内流体密度增大时，如流体被低温冷却，则质量守恒方程中的时间项为正值，此时控制体的流入气体密度小于控制体流出气体密度。要满足质量守恒定律，气体流出体积必须小于气体流入体积，从而导致气体流出速度小于气体流入速度，即出现流体速度减慢现象，如图 2-3 所示情形 3，该情形适用于气体流出煤自燃高温点影响范围时的流体运动分析。因此，尽管质量守恒方程形式未发生变化，但通过具体环境情形的分析，得到了采空区煤自燃高温环境下气体运动变化的三种情况。

2.1.2　动量守恒方程

流体动量守恒方程描述了流体系统所受外力与流体系统动量变化之间的关系。流体动量守恒方程的选择与构建需要结合流体运动状态进行确定。不同的流体运动状态需要能够体现各自特点的动量守恒方程进行描述，如湍流状态的流体动量守恒方程可用"纳维-斯托克斯"方程描述，过渡流状态流体动量守恒方程需用"福希海默-达西"方程描述，层流运动状态流体动量守恒方程可用达西定律描述[65,59,139]。雷诺数作为描述流体运动状态的指标，可以用于判断流体的不同运动状态。雷诺数计算公式如下，

$$Re = \frac{\rho u L}{\mu} \qquad (2\text{-}6)$$

式中　ρ ——密度，kg/m^3；

　　　L ——特征长度，m；

　　　μ ——黏度，$kg/(m \cdot s)$；

　　　u ——流速，m/s。

在实验研究和工程研究中，特征长度的确定常常较为困难。为解决该问题，有学者通过渗透率和福希海默数给出了雷诺数新的表达形式[138]：

$$Re = \frac{\rho u k \beta}{\mu} \qquad (2\text{-}7)$$

式中　k ——渗透率，m^2；

情形1：流体密度不变（煤自燃影响范围外）

流体流入速度 v_1 ＝流体流出速度 v_2

控制体（REV）

情形2：流体密度变小（气体流入煤自燃影响范围）

流体流入速度 v_1 ＜流体流出速度 v_2

控制体（REV）

情形3：流体密度变大（气体流出煤自燃影响范围）

流体流入速度 v_1 ＞流体流出速度 v_2

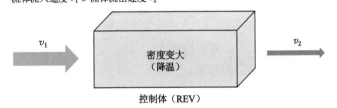

控制体（REV）

图 2-3　流体密度变化引起的流速变化

β ——福希海默数。

根据雷诺数可将流体流动分为湍流、过渡流和层流状态,对应地存在三种动量守恒方程形式,即"纳维-斯托克斯"方程、"福希海默-达西"方程和达西方程。流体运动得到充分发展时,流体运动状态达到湍流状态,应选择"纳维-斯托克斯"方程进行描述。湍流运动状态下的动量方程形式复杂,其在三个方向上的动量方程具有相同的形式,此处以 x 方向为例进行描述,其动量方程推导及化简过程如下：

$$\frac{\partial \rho u}{\partial t}\mathrm{d}x\mathrm{d}y\mathrm{d}z + \frac{\partial \rho uu\,\mathrm{d}y\mathrm{d}z}{\partial x}\mathrm{d}x + \frac{\partial \rho vu\,\mathrm{d}x\mathrm{d}z}{\partial y}\mathrm{d}y + \frac{\partial \rho wu\,\mathrm{d}x\mathrm{d}y}{\partial z}\mathrm{d}z = F_x \tag{2-8}$$

式中　F_x ——控制体在 x 方向所受外力之和,N。

将式(2-8)合并同类项并除以体积,可得到如下化简形式：

$$\frac{\partial \rho u}{\partial t} + \frac{\partial \rho uu}{\partial x} + \frac{\partial \rho vu}{\partial y} + \frac{\partial \rho wu}{\partial z} = f_x \tag{2-9}$$

式中　f_x ——单位体积控制体在 x 方向所受外力之和,N。

结合以下数学算子运算规则：

$$\frac{\partial \rho uu}{\partial x} = u\,\frac{\partial \rho u}{\partial x} + \rho u\,\frac{\partial u}{\partial x} \tag{2-10}$$

式(2-9)变形如下：

$$u(\frac{\partial \rho}{\partial t} + \frac{\partial \rho u}{\partial x} + \frac{\partial \rho v}{\partial y} + \frac{\partial \rho w}{\partial z}) + \rho(\frac{\partial u}{\partial t} + u\frac{\partial u}{\partial x} + v\frac{\partial u}{\partial y} + w\frac{\partial u}{\partial z}) = f_x \qquad (2\text{-}11)$$

根据质量守恒方程(2-5),式(2-11)可进一步简化如下:

$$\rho(\frac{\partial u}{\partial t} + u\frac{\partial u}{\partial x} + v\frac{\partial u}{\partial y} + w\frac{\partial u}{\partial z}) = f_x \qquad (2\text{-}12)$$

又数学运算中有如下定义:

$$\frac{D}{Dt} = \frac{\partial}{\partial t} + u\frac{\partial}{\partial x} + v\frac{\partial}{\partial y} + w\frac{\partial}{\partial z} \qquad (2\text{-}13)$$

式(2-12)可进一步简化如下:

$$\rho\frac{Du}{Dt} = f_x \qquad (2\text{-}14)$$

至此,"纳维-斯托克斯"方程等号左边的流体动量形式推导和简化过程完成。"纳维-斯托克斯"方程等号右边为单位控制体所受外力之和。这里,仍然以单位体积控制体为研究载体,分析流体在运动过程中的受力情况。控制体内的流体所受外力包括体积力、表面压力和黏性力。借鉴固体力学中正应力、剪应力的分析方法,可得控制体内流体所受外力形式:

$$f_x = \rho g_x + [\frac{\partial \sigma_{xx}}{\partial x} + \frac{\partial \tau_{yx}}{\partial y} + \frac{\partial \tau_{zx}}{\partial z}] \qquad (2\text{-}15)$$

式中　g_x ——控制体内流体所受重力加速度在 x 方向分量,m/s^2;

　　　σ_{xx} ——控制体内流体所受正应力,N/m^2;

　　　τ_{yx} ——控制体内流体在 xy 平面上所受剪应力,N/m^2;

　　　τ_{zx} ——控制体内流体在 xz 平面上所受剪应力,N/m^2。

由式(2-14)和式(2-15)可知,控制体内流体在 x 方向的动量守恒方程形式如下:

$$\rho\frac{Du}{Dt} = \rho g_x + [\frac{\partial \sigma_{xx}}{\partial x} + \frac{\partial \tau_{yx}}{\partial y} + \frac{\partial \tau_{zx}}{\partial z}] \qquad (2\text{-}16)$$

式(2-16)是由柯西动量方程推导得到的一种动量方程形式。柯西动量方程形式如下:

$$\rho\frac{Du}{Dt} = \nabla \cdot \boldsymbol{\sigma} + \rho g \qquad (2\text{-}17)$$

式中　$\boldsymbol{\sigma}$ ——柯西应力张量,具有如下形式:

$$\nabla \cdot \boldsymbol{\sigma} = -\nabla p + \nabla \cdot \boldsymbol{\tau} \qquad (2\text{-}18)$$

式中　$\boldsymbol{\tau}$ ——偏应力张量;

由线性应力-应变本构方程知:

$$\boldsymbol{\sigma} = \lambda(\nabla \cdot \boldsymbol{u})\boldsymbol{I} + 2\mu\boldsymbol{\varepsilon} \qquad (2\text{-}19)$$

式中　$\boldsymbol{I}$ ——单位张量;

　　　$\boldsymbol{\varepsilon} = \frac{1}{2}\nabla\boldsymbol{u} + \frac{1}{2}(\nabla\boldsymbol{u})^{\mathrm{T}}$ ——应变速率张量;

　　　$\nabla \cdot \boldsymbol{u}$ ——流体的膨胀速率;

　　　λ,μ ——拉梅参数。

因此,式(2-19)可转化为如下形式:

$$\boldsymbol{\sigma} = \lambda(\nabla \cdot \boldsymbol{u})\boldsymbol{I} + \mu[\nabla\boldsymbol{u} + (\nabla\boldsymbol{u})^{\mathrm{T}}] \qquad (2\text{-}20)$$

式(2-19)中应变速率张量的迹和应力张量的迹分别为:

$$tr(\boldsymbol{\varepsilon}) = \nabla \cdot \boldsymbol{u} \tag{2-21}$$

$$tr(\boldsymbol{\sigma}) = (3\lambda + 2\mu)\nabla \cdot \boldsymbol{u} \tag{2-22}$$

因此,式(2-20)可进一步转化为:

$$\boldsymbol{\sigma} = (\lambda + \frac{2}{3}\mu)(\nabla \cdot \boldsymbol{u})\boldsymbol{I} + \mu[\nabla \boldsymbol{u} + (\nabla \boldsymbol{u})^{\mathrm{T}} - \frac{2}{3}\mu(\nabla \cdot \boldsymbol{u})\boldsymbol{I}] \tag{2-23}$$

根据拉梅参数关系可知,体积模量 $K = \lambda + \frac{2}{3}\mu$。因此,$(\lambda + \frac{2}{3}\mu)(\nabla \cdot \boldsymbol{u})\boldsymbol{I}$ 表示正应力,即流体运动中所受压力 $\boldsymbol{p}$。因此,式(2-23)可进一步转化为:

$$\boldsymbol{\sigma} = p + \mu[\nabla \boldsymbol{u} + (\nabla \boldsymbol{u})^{\mathrm{T}} - \frac{2}{3}\mu(\nabla \cdot \boldsymbol{u})\boldsymbol{I}] \tag{2-24}$$

综上,结合式(2-14)和式(2-24)可得湍流状态下采用"纳维-斯托克斯"方程描述的流体动量守恒方程:

$$\rho(\frac{\partial \boldsymbol{u}}{\partial t} + \boldsymbol{u} \cdot \nabla \boldsymbol{u}) = -\nabla p + \nabla \cdot \left[\mu(\nabla \boldsymbol{u} + (\nabla \boldsymbol{u})^{\mathrm{T}}) - \frac{2}{3}\mu(\nabla \cdot \boldsymbol{u})\boldsymbol{I}\right] + F \tag{2-25}$$

式中　$\boldsymbol{u}$ ——速度场;

$\quad\quad$ $\boldsymbol{I}$ ——单位张量;

$\quad\quad$ F ——体积力,N/m^3。

当流体速度逐渐降低时,雷诺数相应减小,流体运动中的惯性作用越来越明显,流体流动状态转化为过渡流[140-141]。福希海默研究了多孔介质中过渡态流体的流动规律,发现流体运动中的惯性作用因占据主导地位而不能忽略。过渡态运动流体的惯性作用大小与流速的平方呈正相关关系[141]。因此,福希海默在达西方程中引入惯性项实现对过渡流流体运动状态的描述。考虑了惯性作用的"福希海默-达西"方程如下[141]:

$$v_{\mathrm{f}} = -\frac{k}{\mu}(\nabla p - \beta \rho v_{\mathrm{f}}^2 + \rho g \nabla D) \tag{2-26}$$

式中　v_{f} ——福希海默流速,m/s;

$\quad\quad$ β ——福希海默系数;

$\quad\quad$ ∇D ——重力作用方向的单位矢量。

若流体速度进一步降低,雷诺数更小,流体运动进入层流状态,流体的黏性阻力以及压差成为流体运动中的主要作用力。达西通过实验提出了经验性的达西方程,描述了低雷诺数下层流状态流体的运动规律,其形式如下:

$$u = -\frac{k}{\mu_{\mathrm{f}}}\nabla p \tag{2-27}$$

式中　p ——压力,Pa;

$\quad\quad$ μ_{f} ——流体动力黏度,$kg/(m \cdot s)$;

$\quad\quad$ k ——渗透率,m^2。

达西方程是通过液体实验得到的经验公式,对于竖直方向上的流体密度变化产生的作用力并没有考虑。当竖直方向上气体密度变化产生的浮力作用与压差方向一致时,达西方程形式如下[142]:

$$u = -\frac{k}{\mu}(\nabla p + \rho g \nabla D) \tag{2-28}$$

式中　∇D ——重力作用方向的单位矢量;

ρ ——流体密度，kg/m^3；

g ——重力加速度，m/s^2。

综上，"纳维-斯托克斯"方程、"福希海默-达西"方程和达西方程三个方程分别描述了流体在湍流、过渡流和层流三种运动状态下的动量守恒形式。根据采空区多孔介质特性，当提供新鲜空气的风流流经工作面时，一部分风流不可避免地通过空隙裂隙进入采空区。漏风风流从工作面进入采空区，经历了湍流状态、过渡流状态和层流状态的转变过程，其过程如图2-4所示。风流从工作面进入采空区浅部时，风流能量大、速度快，采空区浅部未被上覆岩层压实而存在较大的孔隙率，风流在此处为湍流状态；随着漏风风流深入采空区，风流能量因克服流动阻力而减小，风流速度降低，上覆岩层压实作用逐渐显现，采空区孔隙率逐渐减小，此处漏风风流运动状态从湍流状态逐渐转变为过渡流状态；当漏风风流进入采空区深部时，漏风风流能量和速度进一步减小和降低，采空区孔隙率因上覆岩层压实而达到最小值，此时风流运动状态从过渡流状态逐渐转变为稳定的层流状态。因此，采空区是一个包含了三种流体运动状态的复杂多孔介质空间，需要一个综合性的动量方程对其中的气体动量变化进行描述，该方程需要在不同流体运动状态下体现不同主要因素的作用。扩展的布林克曼方程就是这样一个综合性的方程，它将"纳维-斯托克斯"方程、"福希海默-达西"方程和达西方程融合为一个方程，能够很好地描述复杂流体流动状态下不同因素的突出作用，该方程表达式如下[134,143-144]。

$$\frac{\rho}{\varphi}\left[\frac{\partial \boldsymbol{u}}{\partial t} + (\boldsymbol{u} \cdot \nabla)\frac{\boldsymbol{u}}{\varphi}\right] = -\nabla p + \nabla \cdot \left\{\frac{1}{\varphi}\left[\mu(\nabla \boldsymbol{u} + (\nabla \boldsymbol{u})^T) - \frac{2}{3}\mu(\nabla \cdot \boldsymbol{u})\boldsymbol{I}\right]\right\} - \left(k^{-1}\mu + \beta|\boldsymbol{u}| + \frac{q}{\varphi^2}\right)\boldsymbol{u} + \boldsymbol{F} \quad (2\text{-}29)$$

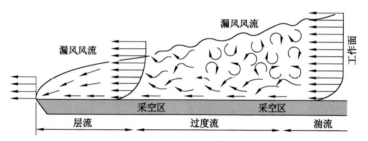

图2-4 采空区风流运动状态

2.1.3 能量守恒方程

能量守恒方程决定了采空区高温点的温度分布和变化，同时也决定了高温作用的影响范围。采空区气体在运移过程中，煤自燃高温点能够同时改变采空区气体的动能和内能。与气体动能相关的气体密度变化和流速变化已在前面分析讨论，这里仅分析气体内能即温度的变化情况。

从欧拉方法角度分析流体运动，高温点单位控制体中的能量变化等于流入控制体的漏风风流能量、流出控制体的风流能量和控制体内的能量源汇项之和。这里涉及固体和流体间温度差的不同情形，当气体和固体具有相同温度时，可采用局部热平衡形式方程进行描述；当气体和固体温度不同时，需要对气体与固体之间的热交换进行描述，应采用局部热不平衡形式方程，如图2-5所示[142]（扫描图中二维码获取彩图，下同）。

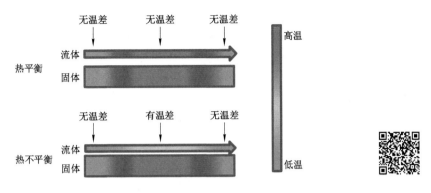

图 2-5　局部热平衡与热不平衡示意图

（1）局部热平衡能量方程

处于局部热平衡状态时，在多孔介质中固体和流体之间不存在温度差，二者间不存在温度差导致的能量转移和转化。此时，能量形式主要包括热源产生的升温、流体流动带来的能量变化和静态导热产生的能量变化。多孔介质中局部热平衡能量方程形式如下[60,62,145]：

$$(\rho c_{p})_{\text{eff}}\frac{\partial T}{\partial t} + \rho C_{p,P}\boldsymbol{u}\cdot\nabla T + \nabla\cdot(-k_{\text{eff}}\nabla T) = Q \tag{2-30}$$

$$(\rho c_{p})_{\text{eff}} = \varphi\rho_{p}C_{p,P} + (1-\varphi)\rho C_{p} \tag{2-31}$$

式中　　ρ——流体密度，kg/m^3；

　　　　$(\rho c_{p})_{\text{eff}}$——有效比热容，$\text{J/(kg·K)}$；

　　　　$C_{p,P}$——流体定压比热容，J/(kg·K)；

　　　　C_{p}——固体定压比热容，J/(kg·K)；

　　　　k_{eff}——有效导热系数，W/(m·K)；

　　　　$\boldsymbol{u}$——速度场；

　　　　Q——能量源项，W/m^3；

　　　　φ——孔隙率。

由方程参数可知，多孔介质孔隙率和有效导热系数是影响方程解算结果的重要参数。采空区孔隙率分布在水平方向和竖直方向都具有一定规律，将在下一节展开分析。有效导热系数确定根据不同的导热环境和条件，分为并联导热、串联导热和加权导热形式。当流体和固体同时进行导热时，可认为并联导热并按照式（2-32）进行计算；当流体和固体先后导热时，可认为串联导热并按照式（2-33）进行计算；当流体和固体的导热系数相差不大时，可根据加权几何平均值计算，可认为加权导热并按照式（2-34）进行计算。

$$k_{\text{eff}} = \varphi k_{p} + (1-\varphi) k_{s} \tag{2-32}$$

$$\frac{1}{k_{\text{eff}}} = \frac{\varphi}{k_{p}} + \frac{1-\varphi}{k_{s}} \tag{2-33}$$

$$k_{\text{eff}} = k_{p}^{\varphi} k_{s}^{(1-\varphi)} \tag{2-34}$$

式中　　k_{s}——固体导热系数，W/(m·K)；

　　　　k_{p}——流体导热系数，W/(m·K)；

　　　　φ——孔隙率。

此外,多孔介质中强制对流或剧烈的自然对流会引起更加复杂的热弥散,即典型的由流体在多孔介质中混合运动而产生的热传递现象[134]。流动过程中不同的流动阻力和流动通道弯曲导致流体内部速度的差异都是产生流体混合的重要因素。热弥散通常作为新的系数项出现在有效导热系数中,其数值的确定与流体流动状态和速度等因素有关,可按下式确定[134]:

$$\nabla \cdot (a \nabla T) = \nabla \cdot \boldsymbol{E} \cdot \nabla T \tag{2-35}$$

$$a = \frac{k_{\text{eff}}}{(\rho c_{\text{p}})_{\text{eff}}} \tag{2-36}$$

$$E_{ij} = F_1 \delta_{ij} + F_2 V_i V_j \tag{2-37}$$

$$E_{11} = \eta_1 U + a \tag{2-38}$$

$$E_{22} = E_{33} = \eta_2 U + a \tag{2-39}$$

$$E_{ij} = 0, i \neq j \tag{2-40}$$

式中　　a ——热扩散率,m^2/s;

$\boldsymbol{E}$ ——弥散二阶张量;

V_i ——本征速度矢量的第 i 个分量;

F_1, F_2 ——与流动雷诺数和佩克莱数以及空隙尺寸相关的函数;

E_{11} ——纵向弥散系数,m^2/s;

E_{22}, E_{33} ——横向弥散系数,m^2/s;

U ——速度矢量的绝对值。

(2)局部热不平衡能量方程

当多孔介质中固体和流体之间存在温度差时,能量将从温度高的相转移到温度低的相。因此,需要分别考虑固体和流体的能量方程以计算其温度变化,并通过流体与固体的温度差对能量转移进行描述。这种情况通常采用局部热不平衡方程分别对流体和固体能量守恒规律进行描述,其形式如下[60,146]:

$$(1-\varphi)\rho_s C_p \frac{\partial T_s}{\partial t} - (1-\varphi)\nabla \cdot (k_s \nabla T_s) = (1-\varphi)Q_s - h_{sf}a_{sf}(T_s - T_f) \tag{2-41}$$

$$\varphi\rho C_{p,P} \frac{\partial T_f}{\partial t} + \rho C_{p,P}\boldsymbol{u} \cdot \nabla T_f - \varphi \nabla \cdot (k_p \nabla T_f) = h_{sf}a_{sf}(T_s - T_f) + \varphi Q_f \tag{2-42}$$

式中　　ρ_s, ρ ——固体和流体的密度,kg/m^3;

$C_p, C_{p,P}$ ——固体和流体的定压比热容,$\text{J}/(\text{kg} \cdot \text{K})$;

k_s, k_p ——固体和流体的导热系数,$\text{W}/(\text{m} \cdot \text{K})$;

T_s, T_f ——固体和流体的温度,K;

h_{sf} ——对流换热系数,$\text{W}/(\text{m}^2 \cdot \text{K})$;

a_{sf} ——对流换热面积,m^2;

φ ——孔隙率。

流体能量守恒方程和固体能量守恒方程之间的桥梁是流体与固体间的对流换热项 $h_{sf}a_{sf}(T_s - T_f)$,它是局部热不平衡方程中需要确定的重要参数。对流换热系数的确定对方程的求解结果至关重要,Dixon 和 Cresswell 于 1979 年在多孔介质实验基础上建立了适用于多孔介质条件的对流换热系数公式,其形式如下[134]:

$$h = h_{sf} a_{sf} \tag{2-43}$$

$$a_{sf} = \frac{6(1-\varphi)}{2r} \tag{2-44}$$

$$\frac{1}{h_{sf}} = \frac{2r}{Nu_{fs}k_p} + \frac{2r}{\beta k_s} \tag{2-45}$$

式中　　h_{sf}——对流换热系数，$W/(m^2 \cdot K)$；

a_{sf}——对流换热面积，m^2；

φ——孔隙率；

r——固体颗粒半径，m；

k_s, k_p——固体和流体的导热系数，$W/(m \cdot K)$；

β——热膨胀系数，K^{-1}；

Nu_{fs}——流固努塞特数。

2.2　耦 合 方 程

耦合方程对流体所处的具体流动环境进行了特征描述，如采空区的孔隙率分布特征和气体组分变化规律。通过对具体环境及特殊现象的方程描述，可以研究环境中因素间的影响作用。本书的采空区煤自燃高温环境气体运移模型中的耦合方程包括理想气体状态方程、组分运输方程和采空区孔隙率分布方程。

2.2.1　理想气体状态方程

理想气体状态方程是研究采空区煤自燃点高温影响作用的关键。由理想气体状态方程知，保持其他条件不变，当温度升高或降低时，气体密度将会减小或增大。在相同的重力加速度条件下，密度小的气体所受重力更小，从而产生热浮力效应。根据控制方程分析可知，气体密度的减小会导致气体运动速度的增大，气体密度改变产生的热浮力作用也会改变气体的运动方向。以煤自燃过程中乙烯和乙炔出现的温度范围为例，当煤自燃点温度达到 400 K（120 ℃）和 500 K（220 ℃）左右时，气体密度分别下降约 25％和 40％；当煤自燃温度达到瓦斯点燃温度 900 K（600 ℃）左右时，气体密度下降约 70％，如图 2-6 所示。

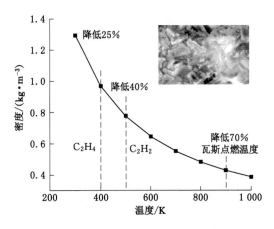

图 2-6　空气密度随煤燃烧温度的变化

由分析可知,煤自燃温度的升高对气体密度变化将产生明显影响,随之也将带来风流运动的明显变化。因此,掌握煤自燃高温作用对气体密度的影响是研究采空区煤自燃环境下气体运动规律的重要环节。本书采用的理想气体状态方程形式如下[60,147]:

$$\rho = \frac{pM}{RT} \tag{2-46}$$

式中　　p ——压力,Pa;

　　　　M ——气体摩尔质量,g/mol;

　　　　R ——理想气体常数,8.314 J/(mol·K);

　　　　T ——温度,K。

2.2.2　组分运输方程

多组分气体运动过程中,同一组分内以及组分之间均存在运动扩散现象,而流体运动状态和流体运动环境进一步增加了气体组分运输的复杂性。气体浓度差驱动的分子扩散是重要的扩散现象,通常采用菲克扩散定律来描述这一现象,其形式如下[134]:

$$\frac{\partial}{\partial t}(C_i) = \nabla \cdot (D \nabla C_i) - \nabla \cdot (\boldsymbol{u} C_i) + R_i \tag{2-47}$$

式中　　C_i ——流体组分 i 的摩尔浓度,mol/m³;

　　　　D ——组分扩散系数,m²/s;

　　　　$\boldsymbol{u}$ ——速度场;

　　　　R_i ——组分源/汇项,mol/(m³·s)。

菲克扩散定律中气体扩散系数的确定是计算组分运输结果的关键。由菲克第一定律知,流体组分的扩散通量从高浓度区域向低浓度区域,其大小与组分浓度梯度呈正比关系。稳态条件下的气体浓度与扩散通量方程形式如下:

$$J = D \frac{\mathrm{d}C}{\mathrm{d}x} \tag{2-48}$$

式中　　J ——扩散通量,mol/(s·m²);

　　　　D ——扩散系数,m²/s;

　　　　C ——气体组分浓度,mol/m³;

　　　　x ——距离,m。

扩散系数 D 可按照 Stokes-Einstein-Sutherland 方程计算,其形式如下[148]:

$$D = \frac{1}{f} k_b T \tag{2-49}$$

$$f = 6\pi\mu r \tag{2-50}$$

式中　　k_b ——玻尔兹曼常数,1.380 622×10⁻²³ J/K;

　　　　T ——温度,K;

　　　　r ——颗粒半径,m;

　　　　μ ——流体黏性,Pa·s。

扩散系数 D 的另一种计算方法是按照 Chapman-Enskog 理论表达式进行计算[149]:

$$D = \frac{A T^{3/2} \sqrt{1/M_1 + 1/M_2}}{p \sigma_{12}^2 \Omega} \tag{2-51}$$

式中　　A ——经验系数;

T ——温度，K；

M ——分子摩尔质量，g/mol，下标 1 和 2 表示混合气体中的气体分子；

p ——压力，Pa；

$\sigma_{12} = \dfrac{1}{2}(\sigma_1 + \sigma_2)$ ——平均碰撞直径，m；

Ω ——碰撞次数，其大小与温度有关。

不同于自由空间流体扩散现象，多孔介质中的流体扩散需要考虑有效扩散系数[150]。多孔介质中的有效扩散系数与孔隙率和迁曲度有关，其计算形式如下[151-153]：

$$D_e = \frac{\varphi}{\tau}D \tag{2-52}$$

式中　φ ——孔隙率；

　　　τ ——迁曲度。

菲克扩散定律认为分子扩散是气体组分扩散的形式，它适用于流体对流较弱的流动环境。当流体运动速度加快，流体流动环境变为更加复杂的多孔介质时，流体运动在不同孔径空间产生的流动速度不同，两点间不同的流动途径将导致不同的流动距离，如图 2-7 所示。这些因素将会对组分运动产生机械弥散作用而影响气体组分的分布[154]。

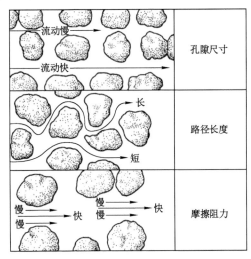

图 2-7　多孔介质机械弥散作用产生原因

机械弥散作用大小一般用机械弥散系数表示，分为纵向弥散系数和横向弥散系数。纵向弥散系数在不同流体流速下的形式不同。当流体流动速度较低时，纵向弥散系数由分子扩散系数决定，按式(2-53)计算；当流体流动速度较高时，纵向弥散系数则由流体的物理性质等决定，按式(2-54)计算；对于介于低速与高速之间的流体，近似认为纵向弥散系数是两种形式的加和，按式(2-55)计算。横向弥散系数的计算相对简单，且适用范围更广，按式(2-56)计算[155-157]。

$$D_L = \frac{D_e}{\tau} \tag{2-53}$$

$$D_L = \frac{ud}{Pe_L(\infty)} \tag{2-54}$$

$$D_{\mathrm{L}} = \frac{D_e}{\tau} + \frac{ud}{Pe_{\mathrm{L}}(\infty)} \qquad (2\text{-}55)$$

$$D_{\mathrm{T}} = D_e + D_e \frac{Pe'_e}{12} \qquad (2\text{-}56)$$

式中　$D_{\mathrm{L}},D_{\mathrm{T}}$——纵向、横向弥散系数,$\mathrm{m^2/s}$;

　　　τ——迂曲度;

　　　u——流体孔隙流动速度,$\mathrm{m/s}$;

　　　d——直径,m;

　　　Pe'_e——有效佩克莱数;

　　　$Pe_{\mathrm{L}}(\infty)$——雷诺数无穷大时,佩克莱数的渐进值,气体数值约为2。

　　由纵向弥散系数和横向弥散系数组成的机械弥散系数,通常作为气体扩散系数的一部分进行考虑并形成新的气体扩散系数。因此,考虑了机械弥散作用的多孔介质组分运输方程的形式如下:

$$\frac{\partial}{\partial t}(C_i) + \nabla\boldsymbol{\cdot}(D_{\mathrm{N}}\nabla C_i) + \nabla\boldsymbol{\cdot}(\boldsymbol{u}C_i) = 0 \qquad (2\text{-}57)$$

$$D_{\mathrm{N}} = D_e + D_d \qquad (2\text{-}58)$$

式中　D_d——弥散系数,$\mathrm{m^2/s}$;

　　　D_e——扩散系数,$\mathrm{m^2/s}$。

2.2.3　采空区孔隙率及渗透率分布特征

　　煤矿采空区是由煤炭开采作业产生的由上覆岩层垮落块体填充的多孔介质空间。采空区的产生导致上部岩层缺乏支撑作用,上覆岩层在煤层采出后将发生垮落破碎、断裂弯曲和下沉现象,垮落岩石填充采出空间形成了采空区的多孔特性。在采空区边界煤岩层的支撑作用和地层的垮落压实作用下,上覆岩层的变形呈现出一定规律,这也决定了采空区孔隙率在竖直方向和水平方向的空间分布规律[54,158]。孔隙率通常用来描述多孔介质中的空隙体积比例,其数值范围为0~1。岩石发生断裂破碎时,由于空隙的存在,块体并不能完全契合,其体积比岩石破碎前的体积大,此即岩石碎胀性,一般用碎胀系数表示[159]。根据岩石碎胀性,采空区孔隙率可用岩石碎胀性进行表达,其关系式如下:

$$\varphi = 1 - \frac{1}{\lambda_{\mathrm{b}}} \qquad (2\text{-}59)$$

式中　φ——孔隙率;

　　　λ_{b}——碎胀系数。

　　(1)采空区孔隙率"竖三带"分布规律

　　根据工程经验和理论分析,采空区裂隙发育情况在竖直方向上一般分为"竖三带"(图2-8),即"垮落带""裂隙带"和"弯曲下沉带"[158,160-161]。煤层经开采运出后,采空区上覆岩层由于煤层缺失而缺乏支撑作用将会发生不同程度的变形,形成特殊的破坏变形地带。弯曲下沉带靠近地表,距离开采煤层采空区最远,位于垮落带和裂隙带上方,由于垮落带和裂隙带中破碎岩石和变形地层的支撑作用,弯曲下沉带以地层下移为主,一般认为其孔隙率和渗透性不变;裂隙带位于"竖三带"中间,连接着垮落带和弯曲下沉带,更靠近煤层采出空间,在下方垮落带中破碎岩石的碎胀支撑作用下,裂隙带内地层变形以断裂和移动为主,整体来说孔隙率较小;垮落带位于最下方,与采空空间直接相通,相邻上覆岩层因缺失煤层支撑作用发生严重的破碎垮塌现象,大量破碎岩石落入采空区,从而导致垮落带内的孔隙率较大。

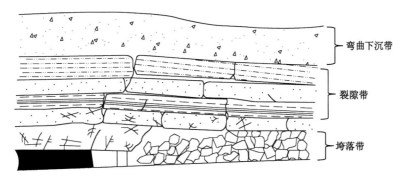

图 2-8 煤矿采空区"竖三带"分布

由以上分析可知,采空区垮落带孔隙率较大,导致工作面向采空区漏风现象。采空区中的漏风风流对采空区瓦斯浓度产生一定的稀释作用,同时也会引发煤自燃灾害。相较而言,裂隙带较小的孔隙率使漏风风流的影响作用减小,同时连通的大裂隙孔隙通道有利于气体的稳定运移。裂隙带范围的确定与煤层开采高度、顶板岩性和岩石的碎胀系数密切相关,一般可通过现场参数实测、实验参数测试和经验公式确定采空区"竖三带"分布情况[162-164]。由现场经验得到的裂隙带高度经验计算公式具有不同的形式,一般需要煤层开采高度和顶板岩性来辅助确定,如表 2-1 所示。

表 2-1 裂隙带高度经验计算公式

顶板岩层强度等级	裂隙带高度/m
坚硬顶板	$H = \dfrac{100\sum M}{1.2\sum M + 2.0} \pm 8.9$
中等坚硬顶板	$H = \dfrac{100\sum M}{1.6\sum M + 3.6} \pm 5.6$
弱顶板	$H = \dfrac{100\sum M}{3.1\sum M + 5.0} \pm 4.0$
较弱顶板	$H = \dfrac{100\sum M}{5.0\sum M + 8.0} \pm 3.0$

注:M 代表煤层开采高度。

通过经验公式确定裂隙带高度需要对工程情况的判断经验以及现场参数,不同的工程人员会有不同的认定结果。相比工程经验公式,理论公式推导得到的采空区"竖三带"分布则具有更好的稳定性。根据裂隙带和垮落带的岩石碎胀特征以及地表沉陷情况,采空区"竖三带"的高度范围计算公式可通过理论分析确定。煤层采出高度为原始的采空空间,煤层采出高度与地面下沉高度之差为采空区"竖三带"发生破坏或变形后发生的累计高度增量。结合岩石碎胀系数定义,采空区"竖三带"的累计变形垮落特征表达式如下[158]:

$$H = \frac{H_m - S_{max}}{\lambda_b - 1} \tag{2-60}$$

式中　　H——煤层埋深，m；

　　　　H_m——煤层开采高度，m；

　　　　S_{max}——最大表面沉降量，m；

　　　　λ_b——岩石碎胀系数。

采空区垮落带和裂隙带均产生了岩石碎胀现象，但两个区域的变形破坏特征并不相同，对应的岩石碎胀程度也不相同。这里假设采空区"竖三带"相邻区域的岩石碎胀系数具有连续性，同一变形带内岩石碎胀系数连续变化，垮落带竖直方向的岩石碎胀系数与水平方向数值相同。根据式(2-60)可得垮落带和裂隙带的岩石碎胀系数计算公式[158]：

$$\lambda_{vcb} = \frac{H_m - S_f}{H_c} + 1 \tag{2-61}$$

$$\lambda_{vfb} = \frac{S_{max} - S_f}{H_F} + 1 \tag{2-62}$$

式中　　λ_{vcb}——垮落带岩石碎胀系数；

　　　　λ_{vfb}——裂隙带岩石碎胀系数；

　　　　H_m——煤层开采高度；

　　　　S_f——裂隙带下沉量，m；

　　　　S_{max}——最大表面沉降量，m；

　　　　H_c——垮落带高度，m；

　　　　H_F——裂隙带高度，m。

采空区垮落带中，由于岩石破碎程度高，其岩石碎胀系数在竖直方向的变化并不明显，可认为垮落带的岩石碎胀系数在竖直方向保持不变，与其水平方向的岩石碎胀系数分布相同。采空区裂隙带作为连接下部垮落带和上部弯曲下沉带的过渡区域，其碎胀系数随埋深具有明显的逐渐变化规律。裂隙带孔隙率的最大值位于与下部垮落带的连接处。根据碎胀系数连续变化的假设，可认为裂隙带与垮落带的孔隙率在该连接处相等。裂隙带孔隙率的最小值位于与上部弯曲下沉带的连接处，其大小与弯曲下沉带孔隙率相等。弯曲下沉带地层以下沉位移为主，几乎未发生变形，可认为其孔隙率和碎胀系数没有发生变化。因此，裂隙带内岩石碎胀系数随埋深的变化可以通过以下计算公式确定[158]：

$$\lambda_{vfb}(h) = \lambda_{vcb} - c_a \ln(h+1) \tag{2-63}$$

$$c_a = \frac{\lambda_{vcb} - 1}{\ln(H_F + 1)} \tag{2-64}$$

式中　　h——埋深，m；

　　　　c_a——衰减系数。

综上所述，采空区"竖三带"高度的确定需要煤层开采高度和地面塌陷高度参数，而采空区"竖三带"中的孔隙率分布的确定与其岩石碎胀系数的计算有关。采空区"竖三带"的碎胀系数计算表达式如下：

$$\lambda_{vbb} = 1 \tag{2-65}$$

$$\lambda_{vfb} = \lambda_{vcb} - (\lambda_{vcb} - 1)\frac{\ln(h+1)}{\ln(H_F + 1)} \tag{2-66}$$

$$\lambda_{vcb} = \lambda_{hcb} \tag{2-67}$$

（2）采空区孔隙率在水平方向的分布规律

采空区"竖三带"孔隙率的分布需要确定垮落带孔隙率的水平分布特征。受采空区边界煤岩体的支撑作用，采空区垮落带边界的上覆岩层在垮塌过程中受到较大的支撑阻力，岩石破碎程度较小，岩块尺寸更大，孔隙率也更大；在采空区中心区域，上覆岩层在垮塌过程中破裂较为剧烈，且受上覆岩层的自重压实作用较大，岩块尺寸更小，孔隙率也更小。因此，"垮落带"内的岩石碎胀系数的分布规律与采空区边界距离有关。

研究显示，采空区垮落带孔隙率分布与距边界距离的关系具体形式可能不同，但最终都表现出与边界相关的"O"形分布形状（图 2-9）[54,58-59]，这里采用的垮落带岩石碎胀系数分布规律表达式如下[54]：

$$\lambda_{hcb} = \lambda_{hcb,min} + (\lambda_{hcb,max} - \lambda_{hcb,min}) e^{[-a_1 d_1 (1 - e^{-c_1 a_0 d_0})]} \tag{2-68}$$

式中　$\lambda_{hcb,min}$ ——最小碎胀系数；

　　　$\lambda_{hcb,max}$ ——最大碎胀系数；

　　　a_0 ——距离侧边界的衰减率，m^{-1}；

　　　a_1 ——距离工作面的衰减率，m^{-1}；

　　　d_0 ——距离侧边界的距离，m；

　　　d_1 ——距离工作面的距离，m；

　　　c_1 ——几何调整因子。

图 2-9　煤矿采空区孔隙率分布示意图

（3）采空区渗透率分布特征

渗透率是指在一定压差下，岩石允许流体通过的能力，其大小与孔隙率、介质结构以及压差有关，它是描述流体在多孔介质环境中运动的重要参数。渗透率越大，流体通过多孔介质的速度越快。渗透率概念最早于 1856 年被提出，其作为比例常数出现在达西定律中，用来表示流速与流体物理性质和压力梯度之间的关系，其形式如下[165]：

$$u = -k \frac{\nabla p}{\mu_f L} \tag{2-69}$$

式中　u ——表面流速，m/s；

　　　k ——流体渗透率，m^2；

　　　$\dfrac{\nabla p}{L}$ ——压力梯度，Pa/m；

μ_f ——流体动力黏度，Pa·s。

根据渗透率模型的应用及发展，可将其分为填充渗透率模型和储层渗透率模型。填充渗透率模型适用于填充床型条件，填充床特点在于填充颗粒的性质如粒径、材料、物理性质等可根据实验需要进行筛选设计；同时，填充渗透率模型的确定和建立可以根据实验结果结合经典理论进行研究，所建立的渗透率模型具有较强针对性。储层渗透率模型则是在经典渗透率理论和模型基础上不断发展而来的，其研究涉及储层的力学性质以及油气的吸附解吸特征，需要结合固体力学理论（如多孔弹性力学和连续介质力学）、流体流动理论以及吸附理论来研究分析储层孔隙率和渗透率的变化规律。采空区上覆岩层垮落破碎形成的垮落带和裂隙带不满足连续介质条件，其形式更接近填充床模型。因此，本书采用填充渗透率模型来研究采空区的渗透率变化规律。填充材料的几何物理性质以及受力特点，决定了填充渗透率主要根据广泛认可的经验公式计算，并根据实验结果对经验公式进行修正。

在达西定律提出之后，Kozeny 基于实验提出了新的渗透率模型[166]。随后，Carman 证实了 Kozeny 提出的理论，并在 Kozeny 渗透率模型基础上对方程进行了修正，得到了著名的 K-C 方程，该渗透率模型也得到广泛应用，其常用形式如下[167]：

$$\frac{\Delta p}{H_L} = -\frac{180 \mu_f}{\Phi_s^2 D_p^2} \frac{(1-\varphi)^2}{\varphi^3} v \tag{2-71}$$

结合达西定律，由 K-C 方程得到的渗透率计算公式如下：

$$k = \frac{\Phi_s^2 D_p^2}{180} \frac{\varphi^3}{(1-\varphi)^2} \tag{2-71}$$

式中　Δp ——压降，Pa；

　　　H_L ——填充床高度，m；

　　　v ——表面速度，m/s；

　　　μ_f ——流体运动黏度，Pa·s；

　　　φ ——孔隙率；

　　　Φ_s ——填充颗粒球度；

　　　D_p ——填充颗粒直径，m。

式（2-71）是广泛应用的渗透率模型中首次将渗透率通过孔隙率和粒径确定下来的模型。同时从 K-C 方程可以看出，渗透率还与填充颗粒球度有关。但是 K-C 方程的适用范围为固体填充床中的层流流动状态，对更加复杂的流动状态则不能准确描述。Ergun 根据填充床流体流动实验，提出了适用于从层流到湍流范围的渗透率模型，该模型形式如下[168]：

$$\frac{\Delta p}{H_L} = E_1 \frac{(1-\varphi)^2}{\varphi^3} \frac{\mu u}{d^2} + E_2 \frac{1-\varphi}{\varphi^3} \frac{\mu u^2}{d} \tag{2-72}$$

式中　E_1, E_2 ——Ergun 常数，当填充介质为球体时，$E_1 = 150$，$E_2 = 1.75$。

对于稳态层流，式（2-72）等号右边第二项可忽略，结合达西定律可得渗透率公式：

$$k = \frac{1}{E_1} \frac{\varphi^3}{(1-\varphi)^2} d^2 \tag{2-73}$$

根据上述填充渗透率模型可知，填充渗透率一般与流体流动状态、多孔介质孔隙率和介质孔隙结构有关。根据达西定律，可得到填充渗透率的一般表达式：

$$k = k(\varphi) D_p^2 \tag{2-74}$$

式中　$k(\varphi)$ ——单一分散度下无量纲孔隙率函数。

3 采空区煤自燃环境瓦斯运移积聚规律实验模拟研究

采空区煤自燃诱发瓦斯爆炸灾害的形成是一个复杂的物理化学变化过程,涉及煤自燃、瓦斯运移和复杂的风流运动。采空区是冒落岩石动态填充形成的多孔空间且极难进入,对采空区气体环境进行空间监测较为困难;另外,瓦斯爆炸灾害一旦发生将会产生摧毁性破坏,对有限的监测设备和监测数据造成严重毁坏。因此,煤矿工程现场一般不具备研究采空区煤自燃诱发瓦斯爆炸灾害形成过程的施工条件和安全条件。为掌握该灾害的形成机理,本章采取相似模拟实验方法对采空区煤自燃诱发瓦斯爆炸灾害形成过程中的温度分布规律、瓦斯浓度分布规律展开研究分析。

3.1 实验平台设计及搭建

本书根据黑龙江兴安煤矿工作面模型,按 100:1 比例在实验室进行了物理平台的缩小搭建,该工作面采用的是典型的 U 形通风方式,如图 3-1 所示。实验平台主要由进风巷道、工作面、采空区、回风巷道、气体释放室、加热模块、风扇、数据采集系统组成。实验台具体设计参数如表 3-1 所示。物理实验平台本身具有物理局限性,仅能反映某一煤矿工作面或相似类型工作面的灾害形成机理,本书的研究结果更适用于 U 形通风工作面,为该灾害的防治工作提供参考。

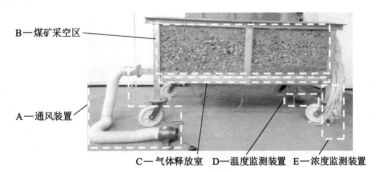

图 3-1 采空区气体运移模拟实验台

表 3-1 实验台尺寸参数

组成结构	尺寸(长×宽×高)
进回风巷	20 cm × 4 cm × 3 cm
工作面	120 cm × 5 cm × 3 cm

表 3-1(续)

组成结构	尺寸（长×宽×高）
采空区	200 cm × 120 cm ×60 cm
气体释放室	200 cm × 120 cm ×5 cm
加热模块	144 mm×124 mm×6 mm

相似模拟实验的科学性由相似理论作为参考标准进行判定，通过控制实验的主要参数得到合理的实验结果，进而掌握实验现象间的内在关系。三大相似理论给出了五个无量纲数，即欧拉数、雷诺数、弗劳德数、马赫数和韦伯数[169]。根据煤矿采空区气体流动特点，欧拉数、雷诺数和弗劳德数应作为主要的无量纲数进行考虑。欧拉数表征了惯性力与压强梯度间的量级之比，雷诺数表征了相似流动中惯性力与黏性力间的量级之比，弗劳德数表征了惯性力与重力间的量级之比，三个相似准则的计算公式如下，

$$Eu = \frac{p}{\rho v^2} \tag{3-1}$$

$$Re = \frac{\rho v L}{\mu_f} \tag{3-2}$$

$$Fr = \frac{v}{(gL)^{0.5}} \tag{3-3}$$

式中　　Eu ——欧拉数；

p ——压力，Pa；

ρ ——流体密度，kg/m³；

v ——流体速度，m/s；

Re ——雷诺数；

L ——特征长度，m；

μ_f ——流体黏度，kg/(m·s)；

Fr ——弗劳德数；

g ——重力加速度，m/s²。

相似实验要严格地满足所有相似准则是极其困难的，不同相似准则在不同的相似实验中重要性并不相同。本研究中的采空区气体流场相似模拟，气体运动状态主要为过渡流和层流，雷诺数值及其范围较小，可认为满足要求；相似模拟中较低的瓦斯密度和高温产生的浮力作用是关键因素之一，因此弗劳德数应作为主要的相似准则考虑。由于实验中气体的密度和动力黏度与工程实际相同，以上相似准则的判定与特征长度、压力和流体流速有关。本研究中，工作面风速作为变量出现以研究风速对采空区煤自燃环境下瓦斯爆炸灾害形成过程的影响。

采空区煤自燃形成的高温通过加热模块和调压器设备实现。加热模块优点在于加热温度和加热时间可控，不会产生其他反应气体干扰瓦斯浓度数据的监测采集。根据采空区煤自燃灾害易发位置，分别在采空区进风侧和回风侧设置一组加热模块，其位置距工作面约 45 cm，距较近的采空区边界约 15 cm。考虑实验平台材料的高温耐受能力，并结合煤自燃过程中标志性气体乙烯出现的自燃温度，实验中将煤自燃温度设置约为 404 K（130 ℃）

左右。同时,将温度传感器埋入测点位置,通过数据采集模块实现对采空区温度的实时自动监测。

采空区瓦斯来源复杂,实验中以遗煤和下部煤层解吸释放的瓦斯作为采空区瓦斯主要来源进行研究。采空区瓦斯来源主要包括遗煤解吸释放的瓦斯、邻近煤层解吸释放的瓦斯、本煤层采空区边界解吸释放的瓦斯、邻近采空区瓦斯以及随漏风风流进入的瓦斯。本书以采空区下部煤层和遗煤解吸释放的瓦斯为研究条件,在实验平台中进行了瓦斯释放源设计。在采空区下方搭建单独的瓦斯释放气室,其长和宽与采空区尺寸一致。为确保瓦斯在采空区的均匀释放,在瓦斯释放气室与采空区底部交界面处以单向透气膜隔开,同时在瓦斯气室内单独布置一层单向透气膜,通过两层单向透气膜的阻力作用实现瓦斯的均匀释放。为避免实验中可能发生的瓦斯燃烧和瓦斯爆炸危险,经物理性质对比并结合市场销售情况,实验使用氦气来代替瓦斯,通过转子流量计设定气体释放速度为 150 mL/min,并通过氦气浓度测量仪测定测点的气体浓度。

工作面通风由无级变速风扇通过密封管连接进风巷道实现,并在工作面和进回风巷道上方预留风速测量口测定工作面风速。根据《煤矿安全规程》,工作面、进回风巷道最低风速不得小于 0.25 m/s,最大风速不得超过 4 m/s 和 6 m/s[170]。由于实验器材精度限制,风速越小,测量误差增大,最终实验设置 0.2 m/s 为最低风速,0.6 m/s 为正常生产时的工作面风速,1.0 m/s 代表加大风量后的工作面风速。通过三组风速实验研究工作面风速对灾害形成过程的影响。

采空区填充是实现采空区气体运动研究的重要步骤,为接近真实煤岩热物理性质,实验采用粒径分别为 2 cm、3 cm 和大于 3 cm 的石子以及部分细沙按照采空区孔隙率分布规律进行填充。实际填充下的采空区孔隙率具体数值较难确定,但可以通过数值模拟验证反推确定采空区孔隙率分布范围。采空区实验台一旦填充完成,其孔隙率分布情况就确定下来,几乎无法改变。石子细沙填充采空区费时费力,重新填充改变目标孔隙率较难,且较难实现单一变量原则。在数值模拟中可对数值模型中的采空区孔隙率分布情况进行调整以丰富研究结果,在时效和灵活性方面更加优越。实验平台搭建使用的材料和器材如图 3-2 所示。

为获得采空区煤自燃影响下瓦斯浓度的空间分布情况,在实验平台中设置了三层具有相同布置方式的测点,如图 3-3 所示,每层包括 25 个测点,一共 75 个测点。根据采空区"竖三带"的计算结果,确定三层测点距底板高度分别为 1 cm、8 cm 和 20 cm。以第一层测点布置情况为例,在走向上布置 5 个测点,到工作面距离分别约为 25 cm、55 cm、75 cm、105 cm 和 155 cm;在倾向上布置 5 个测点,到进风侧边界距离分别约为 10 cm、35 cm、60 cm、85 cm 和 110 cm。将采集气体的束管和温度传感器固定在测点位置,使用浓度测量仪和温度采集模块对气体浓度和温度进行监测。此外,实验还单独设计了测风测压筒对采空区内气体流动速度、气体温度以及空气压力进行测量。

等比例缩小搭建的实验平台更容易受天气等外部因素干扰,为准确测量采空区瓦斯浓度、温度、风速、风温和风压等数据,选择天气状况相近的日期进行实验。每次实验开始前,通过实验平台预留的检测孔位,对采空区气密性和采空区残留实验气体进行浓度检测,确保每次实验的有效性。为尽可能详细地描述灾害的形成过程,采空区内气体浓度监测 10 min 进行一次。每次实验最后,采空区内风速和风压达到较稳定状态,此时再对采空区

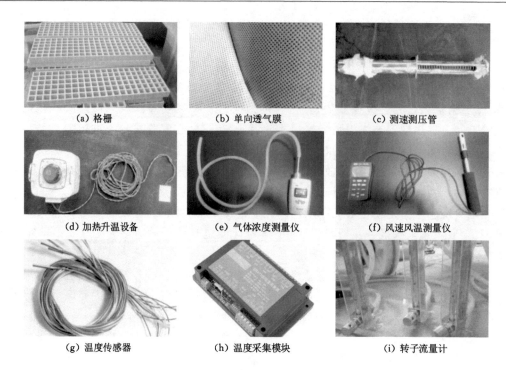

图 3-2　实验所用材料和器材

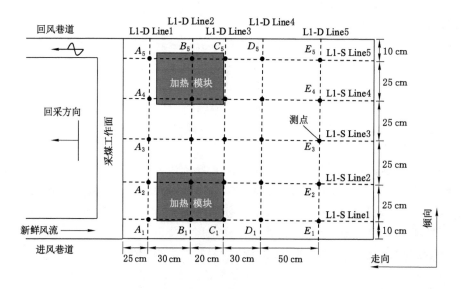

图 3-3　采空区煤自燃位置及测点布置

内风速、风压和风温进行测量。根据表 3-2 所示实验方案，实验测量 75 个测点的多种参数，获取了大量的数据。根据实验对比结果，本书以图 3-3 中 L1-S Line2、L1-S Line5 和 L1-D Line2 三条监测线上的测点数据作为代表性数据进行分析，简洁地描述实验得到的新现象。为描述方便，本书将煤自燃点靠近工作面一侧称为迎风侧，另一侧称为背风侧。

表 3-2　采空区瓦斯运移规律研究实验方案

实验方案	实验条件	测量参数
采空区无煤自燃	风速:0.2 m/s、0.6 m/s、1.0 m/s; 温度:293 K;氦气流量:150 mL/min	温度,瓦斯浓度, 风速,风压,风温
采空区进风侧煤自燃	风速:0.2 m/s、0.6 m/s、1.0 m/s; 温度:404 K;氦气流量:150 mL/min	温度,瓦斯浓度, 风速,风压,风温
采空区回风侧煤自燃	风速:0.2 m/s、0.6 m/s、1.0 m/s; 温度:404 K;氦气流量:150 mL/min	温度,瓦斯浓度, 风速,风压,风温

3.2　采空区无煤自燃实验结果及分析

采空区无煤自燃高温点时,实验对不同工作面风速(0.2 m/s、0.6 m/s 和 1.0 m/s)条件下采空区内的温度、瓦斯浓度、风流速度和压力参数进行了测量。由于采空区风流速度和空气压力数值较小,同时受测量仪器精度限制,测量数据的稳定性和规律性较差。测量结果中的有效参数为温度和瓦斯浓度两个关键性参数。当采空区无煤自燃高温点时,各测点温度均为室温 20 ℃左右,这里不再进行描述分析。采空区瓦斯浓度分布情况如图 3-4 所示,瓦斯浓度呈现较明显的变化特征,即瓦斯浓度分别在走向和倾向上呈单调递增趋势。瓦斯浓度在三层测点上都具有相近的分布特征和规律。

由图 3-4 可知,当工作面风速增大时,采空区瓦斯浓度分布趋势不变,但各测点瓦斯浓度

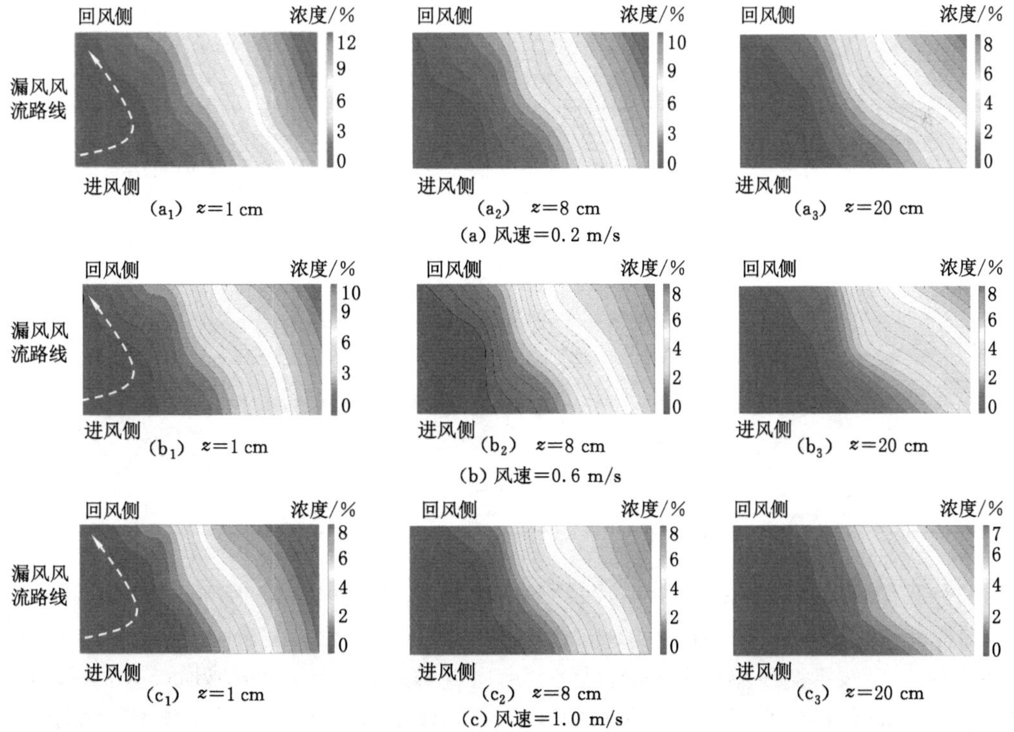

图 3-4　无煤自燃条件下采空区瓦斯浓度分布

数值均存在不同程度的降低。以风速为 0.2 m/s 为例,第一层($z=1$ cm)走向监测线 L1-S Line2 上 A_2—E_2 的 5 点瓦斯浓度分别为 0、0.2%、1.5%、3.8% 和 7.8%,倾向监测线 L1-D Line2 上 B_1—B_5 的 5 点瓦斯浓度分别为 0、0.2%、0.8%、1.5% 和 2.5%;第二层($z=8$ cm)走向监测线 L2-S Line2 上 A_2—E_2 的 5 点瓦斯浓度分别为 0、0、0.9%、3.3% 和 5.8%,倾向监测线 L2-D Line2 上 B_1—B_5 的 5 点瓦斯浓度分别为 0、0、0.5%、1.2% 和 2.1%;第三层($z=20$ cm)走向监测线 L3-S Line2 上 A_2—E_2 的 5 点瓦斯浓度分别为 0、0、0.5%、2% 和 3.8%,倾向监测线 L3-D Line2 上 B_1—B_5 的 5 点瓦斯浓度分别为 0、0、0.1%、0.9% 和 1.5%。随着工作面风速的增加,采空区各测点瓦斯浓度均呈现不同程度的降低,不同风速下的代表性测点瓦斯浓度如表 3-3 和表 3-4 所示。

表 3-3　无煤自燃条件下 L-S Line2 测线瓦斯浓度分布

	风速/(m/s)	测点 A_2/%	测点 B_2/%	测点 C_2/%	测点 D_2/%	测点 E_2/%
第一层	0.2	0	0.2	1.5	3.8	7.8
	0.6	0	0	1.1	2.5	5.8
	1.0	0	0	0	2.4	5.6
第二层	0.2	0	0	0.9	3.3	5.8
	0.6	0	0	1.8	2.0	4.3
	1.0	0	0	0	1.9	4.1
第三层	0.2	0	0	0.5	2.0	3.8
	0.6	0	0	0.3	1.5	3.7
	1.0	0	0	0	1.3	3.0

表 3-4　无煤自燃条件下 L-D Line2 测线瓦斯浓度分布

	风速/(m/s)	测点 B_1/%	测点 B_2/%	测点 B_3/%	测点 B_4/%	测点 B_5/%
第一层	0.2	0	0.2	0.8	1.5	2.5
	0.6	0	0	0.5	1.1	2.3
	1.0	0	0	0	0.5	1.7
第二层	0.2	0	0	0.5	1.2	2.1
	0.6	0	0	0.3	0.8	1.7
	1.0	0	0	0	0.2	1.0
第三层	0.2	0	0	0.1	0.9	1.5
	0.6	0	0	0.1	0.4	1.0
	1.0	0	0	0	0.1	0.5

采空区瓦斯浓度分布曲线在走向和倾向上的变化规律如图 3-5 所示,漏风风流对气体浓度的稀释作用是形成该瓦斯浓度分布规律的主要原因。采空区漏风风流来自工作面及进风巷道,经弧线形路线流经采空区,最终流回回风巷道。漏风风流在采空区流动过程中,随着进入采空区深度的增加,采空区内的孔隙率逐渐减小,气体流动阻力和能量消耗逐渐增大,漏风风流运动状态从采空区浅部的高速湍流状态转变为采空区深部的低速层流状

态,其对瓦斯浓度的稀释作用也逐渐减小。因此,漏风风流对瓦斯浓度的稀释作用沿漏风风流路线逐渐减小,最终形成图 3-4 所示的瓦斯浓度分布规律。在竖直方向上,一方面,漏风风流的能量同样因孔隙率降低和流动阻力增大而被消耗;另一方面,瓦斯密度比空气小,在采空区存在由下向上的大范围自然浮升现象。在采空区漏风风流运动规律和瓦斯自然浮升规律的叠加下,采空区瓦斯浓度呈现出由采空区进风侧浅部向采空区回风侧深部递增的趋势,同时在竖直方向上呈现递减的趋势。当工作面风速增大时,采空区漏风风流的能量增大,而采空区孔隙率不变,漏风风流在各点的瓦斯稀释作用都有所增强。因此,当工作面风速增大时,瓦斯浓度稀释范围更大和作用更强,各测点瓦斯浓度更低,如图 3-6 所示。

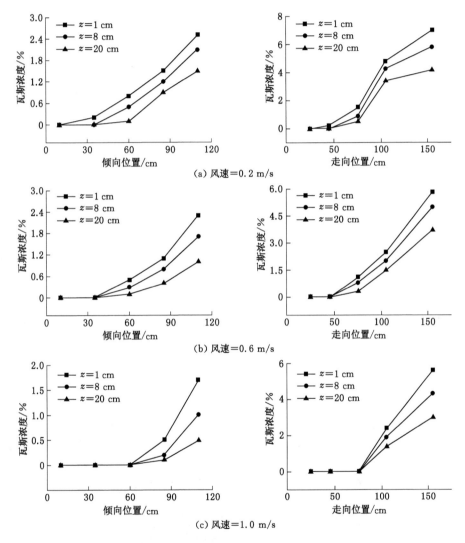

(a) 风速=0.2 m/s

(b) 风速=0.6 m/s

(c) 风速=1.0 m/s

图 3-5 无煤自燃条件下 L-D Line2 和 L-S Line2 测线瓦斯浓度分布曲线

综上可知,当采空区中没有煤自燃高温点影响时,瓦斯浓度在走向和倾向上均呈单调递增趋势。采空区漏风风流是影响瓦斯浓度分布的主要因素。在以下采空区煤自燃点影响下的实验结果和分析中,无煤自燃高温点的实验结果将作为对比结果出现,以突出采空

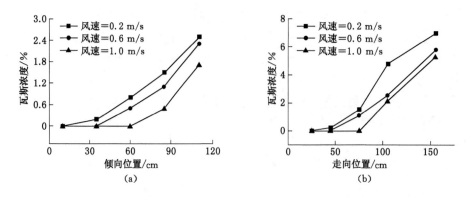

图 3-6　无煤自燃条件下风速对 L1-D Line2 和 L1-S Line2 测线瓦斯浓度分布的影响

区煤自燃高温点对瓦斯浓度分布的影响。

3.3　采空区进风侧煤自燃实验结果及分析

采空区进风侧煤自燃点位置距工作面约 45 cm,距采空区进风侧边界约 15 cm,温度设置约为 404 K(130 ℃),加热区域尺寸为 14.4 cm×12.4 cm,如图 3-3 所示。实验对不同工作面风速(0.2 m/s、0.6 m/s 和 1.0 m/s)条件下采空区温度、瓦斯浓度等参数进行测量,得到采空区进风侧煤自燃高温点影响的温度和瓦斯浓度两个关键性参数的分布及变化情况。

采空区进风侧煤自燃高温条件下温度场分布规律如图 3-7 所示,温度场具有高温点范围小、温度梯度大等特点。采空区煤自燃高温点最高温度为 404 K(130 ℃),高温点面积略大于加热模块面积;从高温点中心向外延伸至 20 cm 处,采空区温度迅速降低至室温 293 K(20 ℃)。走向监测线 L1-S Line2 上 A_2—E_2 的 5 个测点温度分别为 293 K、404 K、302 K、293 K 和 293 K,倾向监测线 L1-D Line2 上 B_2—B_5 的 5 个测点温度分别为 300 K、404 K、293 K、293 K 和 293 K。煤自燃点周围的温度梯度约为 3.9 K/cm,在较小距离上形成了较大的温度梯度。保持煤自燃高温点加热功率不变,当工作面风速增大时,采空区煤自燃高温点范围小、温度梯度大的特点未发生明显变化。但在走向上,煤自燃高温点背风侧测点的温度随风速增大而略微升高,如图 3-8 所示。B2 测点的温度由 404 K(127 ℃)下降到 390 K(117 ℃),C2 测点的温度由 293 K(20 ℃)升高到 303 K(30 ℃)。在倾向上,各测点温度未发生明显变化。

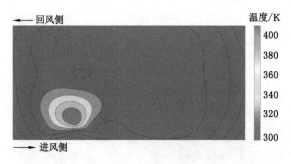

图 3-7　进风侧煤自燃条件下采空区温度分布

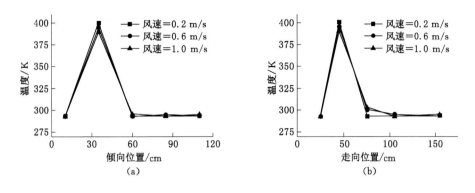

图 3-8　风速对 L1-D Line2 和 L1-S Line2 测线温度分布的影响

采空区进风侧煤自燃高温条件下的瓦斯浓度分布规律如图 3-9 所示。采空区瓦斯浓度呈现两个明显的分布特征:第一,进风侧煤自燃高温点影响下,瓦斯浓度在煤自燃点附近呈"η"字形分布,煤自燃点附近出现瓦斯积聚现象;第二,瓦斯浓度在走向和倾向上均呈现总体递增的趋势。随着工作面风速的增加,煤自燃高温点附近的"η"字形分布的瓦斯浓度逐渐降低,直至瓦斯积聚现象消失。由图 3-9 可知,当风速为 0.2 m/s 时,煤自燃高温点附近存在明显的瓦斯积聚现象。第一层($z = 1$ cm)走向监测线 L1-S Line2 上 A_2—E_2 的 5 点瓦斯浓度分别为 0、2.5%、1.9%、4.2% 和 6.1%,倾向监测线 L1-D Line2 上 B_1—B_5 点瓦斯浓

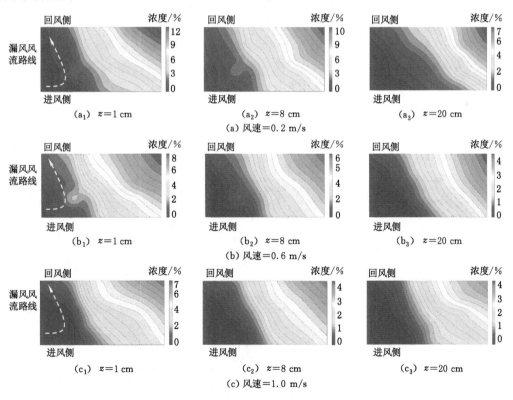

图 3-9　进风侧煤自燃条件下采空区瓦斯浓度分布

度分别为 0、2.5%、1.4%、2% 和 3.2%。当漏风风流和瓦斯向采空区高处运动至裂隙带时，采空区孔隙率减小和流动阻力增大，瓦斯积聚范围和瓦斯浓度均存在不同程度的缩小和降低，但煤自燃高温点对应位置的瓦斯积聚现象仍较为明显。第二层($z=8$ cm) 走向监测线 L2-S Line2 上 A_2—E_2 的 5 点瓦斯浓度分别为 0、1.4%、0.9%、3.2% 和 5.1%，倾向监测线 L2-D Line2 上 B_1—B_5 的 5 点瓦斯浓度分别为 0、1.4%、1.1%、1.8% 和 2.4%；当漏风风流和瓦斯运动到弯曲下沉带时，采空区孔隙率进一步减小，流动阻力达到最大，瓦斯积聚发生明显削弱而消失现象。第三层($z=20$ cm) 走向监测线 L3-S Line2 上 A_2—E_2 的 5 点瓦斯浓度分别为 0、0.4%、0.6%、1.2% 和 3.5%，倾向监测线 L3-D Line2 上 B_1—B_5 的 5 点瓦斯浓度分别为 0、0.4%、0.8%、1.2% 和 1.6%。随着工作面风速的增加，采空区进风侧煤自燃高温点的瓦斯积聚现象逐渐减弱，采空区各测点瓦斯浓度均呈现降低趋势。当工作面风速达到 1.0 m/s 时，煤自燃点位置的瓦斯积聚现象消失，不同风速下瓦斯浓度数值如表 3-5 和表 3-6 所示。

表 3-5　进风侧煤自燃条件下 L-S Line2 测线瓦斯浓度分布

	风速/(m/s)	测点 A_2/%	测点 B_2/%	测点 C_2/%	测点 D_2/%	测点 E_2/%
第一层	0.2	0	2.5	1.9	4.2	6.1
	0.6	0	1.9	1.3	3.5	5.2
	1.0	0	0	1.0	2.9	3.8
第二层	0.2	0	1.4	0.9	3.2	5.1
	0.6	0	1.0	0.8	2.2	3.6
	1.0	0	0	0.5	2.0	3.0
第三层	0.2	0	0.4	0.6	1.2	3.5
	0.6	0	0	0.5	1.0	3.0
	1.0	0	0	0.4	0.8	2.0

表 3-6　进风侧煤自燃条件下 L-D Line2 测线瓦斯浓度分布

	风速/(m/s)	测点 B_1/%	测点 B_2/%	测点 B_3/%	测点 B_4/%	测点 B_5/%
第一层	0.2	0	2.5	1.4	2.0	3.2
	0.6	0	1.9	1.1	1.7	2.3
	1.0	0	0	0.6	1.4	1.9
第二层	0.2	0	1.4	1.1	1.8	2.4
	0.6	0	1.0	0.8	1.2	1.5
	1.0	0	0	0.6	0.9	1.2
第三层	0.2	0	0.4	0.8	1.2	1.6
	0.6	0	0	0.5	0.8	1.2
	1.0	0	0	0.3	0.5	0.7

采空区进风侧煤自燃高温点瓦斯积聚现象,导致走向和倾向监测线上的瓦斯浓度曲线出现了局部跳跃现象,如图 3-10 所示。在采空区垮落带($z=1$ cm)和裂隙带($z=8$ cm)中的瓦斯积聚和瓦斯浓度跳跃现象较为明显。在倾向上,瓦斯浓度从采空区进风边界到煤自燃点跳跃式升高,紧接着突然降低,最后瓦斯浓度在采空区回风边界附近再次缓慢升高;在走向上,瓦斯浓度从采空区浅部到煤自燃点跳跃式升高,紧接着突然降低,随着深入采空区,瓦斯浓度再次逐渐升高。在采空区弯曲下沉带($z=20$ cm)未监测到明显的瓦斯积聚和瓦斯浓度跳跃现象。

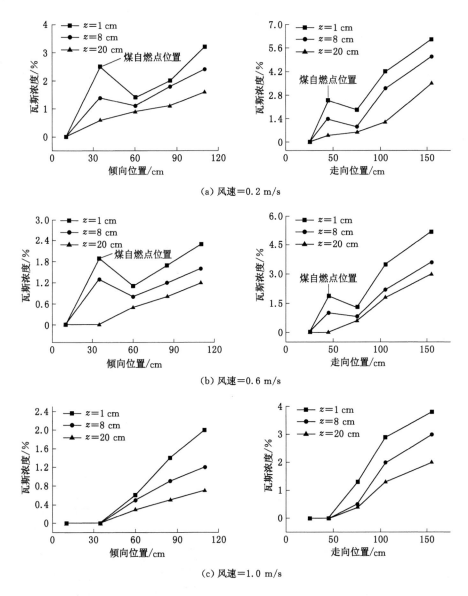

图 3-10 进风侧煤自燃条件下 L-D Line2 和 L-S Line2 测线瓦斯浓度分布曲线

瓦斯积聚区域仅出现在进风侧煤自燃点附近,可推测煤自燃产生了导致瓦斯积聚的因素。根据第 2 章理论分析可知,煤自燃点影响气体运动的重要作用是通过降低煤自燃点气体密度产生热浮力效应。然而,气体密度变化和风流运动变化数据并不能在本实验中监测采集,需要开展进一步的研究。在煤自燃点以外区域,采空区漏风风流的瓦斯浓度稀释作用是影响瓦斯浓度分布的主要因素。采空区漏风风流来自工作面及进风巷道,经弧线形路线流经采空区,最终流回回风巷道。沿流经路线,漏风风流能量逐渐降低,稀释作用逐渐减小。因此,采空区回风侧边界附近的瓦斯浓度和采空区深部的瓦斯浓度会逐渐升高。

对比采空区三层监测点的瓦斯浓度监测结果可知,无论在走向还是倾向上,瓦斯积聚现象在底层的煤自燃点位置最显著,瓦斯浓度的跃升也最大。另外,由于采空区内煤岩和空气较小的导热系数,煤自燃高温点主要存在于采空区底部,因此下文分析将以采空区底层监测数据和瓦斯分布情况为主。由图 3-11 可知,三个工作面风速条件下底层走向和倾向上测点的瓦斯浓度随工作面风速的增加而不同程度地降低,瓦斯浓度跃升现象有所弱化,当工作面风速达到 1.0 m/s 时,煤自燃点附近的瓦斯积聚现象消失。

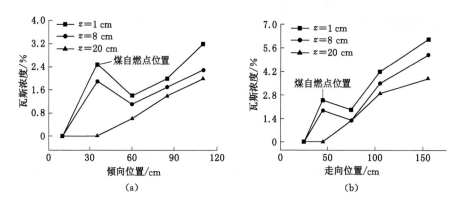

图 3-11 进风侧煤自燃条件下风速对 L1-D Line2 和 L1-S Line2 测线瓦斯浓度分布的影响

图 3-12 和图 3-13 对比了采空区进风侧有无煤自燃高温点影响下的瓦斯浓度分布结果。从图中可以发现,采空区进风侧煤自燃高温点位置的瓦斯积聚现象差别最明显。采空区进风侧煤自燃高温点对瓦斯运移和瓦斯浓度分布确实产生了影响,导致图 3-13 中的走向和倾向上瓦斯浓度分布曲线的局部跃升。两条件下的相同点在于,采空区瓦斯浓度的最大值及其位置较为接近,均位于采空区回风侧深部,并且采空区瓦斯浓度分布在走向和倾向上整体上仍然呈逐渐增加的趋势。

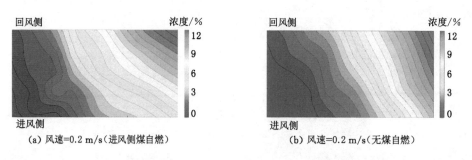

（a）风速=0.2 m/s（进风侧煤自燃）　　　　（b）风速=0.2 m/s（无煤自燃）

图 3-12 进风侧有无煤自燃条件下采空区瓦斯浓度分布

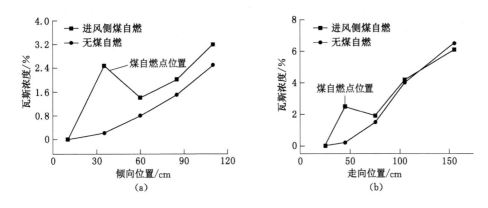

图 3-13 进风侧有无煤自燃条件下 L1-D Line2 和 L1-S Line2 测线瓦斯浓度分布曲线

3.4 采空区回风侧煤自燃实验结果及分析

采空区回风侧煤自燃点位置距工作面约 45 cm,距采空区回风侧边界约 15 cm,煤自燃点温度设置约为 404 K(130 ℃),煤自燃点区域尺寸为 14.4 cm×12.4 cm,如图 3-3 所示。实验对不同工作面风速(0.2 m/s、0.6 m/s 和 1.0 m/s)条件下采空区温度、瓦斯浓度等参数进行测量,得到采空区回风侧煤自燃影响下的温度和瓦斯浓度两个关键性参数的分布和变化情况。

采空区回风侧煤自燃高温点影响下的温度场分布如图 3-14 所示,该温度场分布同样具有高温点范围小、温度梯度大等特点。采空区煤自燃高温点最高温度为 404 K(130 ℃),高温点面积略大于加热模块面积;从煤自燃高温点向外延伸至 20 cm 处,温度迅速降低为室温 293 K(20 ℃)。走向监测线 L1-S Line5 上 A_5—E_5 的 5 个测点温度分别为 295 K、404 K、302 K、293 K 和 293 K,倾向监测线 L1-D Line2 上 B_2—B_5 的 5 个测点温度分别为 293 K、293 K、293 K、300 K 和 404 K。煤自燃点周围的温度梯度达到约为 4 K/cm,在较小距离上形成了较大的温度梯度。保持煤自燃高温点温度为 404 K(130 ℃)不变,当工作面风速增大时,采空区煤自燃高温点范围小、温度梯度大的特点未发生明显变化,走向和倾向上各测点温度未发生明显变化,如图 3-15 所示。

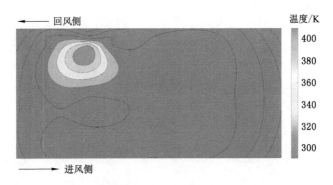

图 3-14 回风侧煤自燃条件下采空区温度分布

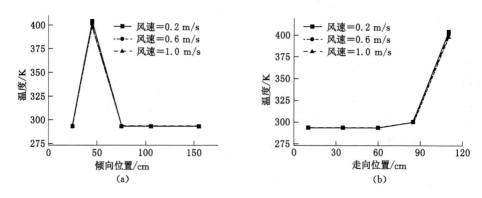

图 3-15　风速对 L1-D Line2 和 L1-S Line5 测线温度分布的影响

　　采空区回风侧煤自燃高温条件下的瓦斯浓度分布规律如图 3-16 所示。采空区瓦斯浓度分布呈现两个明显特征:第一,在进风侧煤自燃高温点影响下,瓦斯浓度在煤自燃点附近呈倒"n"字形分布,煤自燃点范围内出现明显的瓦斯积聚现象;第二,瓦斯浓度分别在走向和倾向上整体上呈现递增的趋势。随着工作面风速的增加,煤自燃点附近的倒"n"字形分布的瓦斯浓度逐渐降低,但瓦斯积聚现象仍较明显。

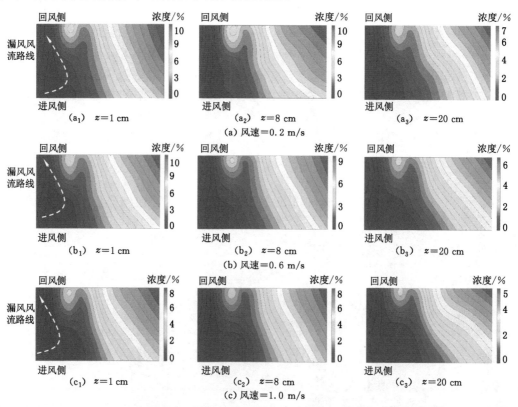

图 3-16　回风侧煤自燃条件下采空区瓦斯浓度分布

　　由图 3-16 可知,当工作面风速为 0.2 m/s 时,在底层自燃高温点附近存在明显的瓦斯积聚现象。第一层($z=1$ cm)走向监测线 L1-S Line5 上 A_5—E_5 的 5 点瓦斯浓度分别为

0.5%、4.9%、3.2%、6.3%和10.2%,倾向监测线 L1-D Line2 上 B_1—B_5 的 5 点瓦斯浓度分别为 0.5%、0.7%、1.3%、3.6%和4.9%。当漏风风流和瓦斯向采空区高处运动至裂隙带时,煤自燃高温点对应位置的瓦斯积聚区域继续扩展,但瓦斯积聚范围和瓦斯浓度均存在不同程度的缩小和降低。第二层($z=8$ cm)走向监测线 L2-S Line5 上 A_5—E_5 的 5 点瓦斯浓度分别为 0.4%、4.2%、2.6%、4.1%和8.1%,倾向监测线 L2-D Line2 上 B_1—B_5 的 5 点瓦斯浓度分别为 0.4%、0.4%、0.8%、3.1%和4.2%。当漏风风流和瓦斯运动至弯曲下沉带时,瓦斯积聚情况发生了削弱现象。第三层($z=20$ cm)走向监测线 L3-S Line5 上 A_5—E_5 的 5 点瓦斯浓度分别为 0.2%、2.8%、1.8%、3.1%和5.2%,倾向监测线 L3-D Line2 上 B_1—B_5 的 5 点瓦斯浓度分别为 0.2%、0.2%、0.4%、1.5%和2.8%。随着工作面风速的增大,采空区回风侧煤自燃高温点的瓦斯积聚现象逐渐减弱,采空区各测点瓦斯浓度均呈现降低趋势,不同风速下的代表性测点瓦斯浓度数值如表 3-7 和表 3-8 所示。

表 3-7　回风侧煤自燃条件下 L-S Line5 测线瓦斯浓度分布

	风速/(m/s)	测点 A_5/%	测点 B_5/%	测点 C_5/%	测点 D_5/%	测点 E_5/%
第一层	0.2	0.6	4.9	3.2	6.3	10.2
	0.6	0.4	4.3	2.9	6.0	9.6
	1.0	0	3.7	2.5	5.6	8.4
第二层	0.2	0.4	4.2	2.6	4.1	8.1
	0.6	0.3	3.9	2.0	3.9	8.0
	1.0	0	3.2	1.7	3.6	7.2
第三层	0.2	0.2	2.8	1.8	3.1	5.2
	0.6	0.2	2.5	1.6	2.9	5.0
	1.0	0	2.0	1.2	2.6	4.7

表 3-8　回风侧煤自燃条件下 L-D Line2 测线瓦斯浓度分布

	风速/(m/s)	测点 B_1/%	测点 B_2/%	测点 B_3/%	测点 B_4/%	测点 B_5/%
第一层	0.2	0.5	0.7	1.3	3.6	4.9
	0.6	0	0	1.0	3.0	4.4
	1.0	0	0	0.8	2.6	3.7
第二层	0.2	0.4	0.4	0.8	3.1	4.2
	0.6	0	0	0.7	2.3	3.9
	1.0	0	0	0.5	1.9	3.2
第三层	0.2	0.2	0.2	0.4	1.5	2.8
	0.6	0	0	0.4	1.3	2.5
	1.0	0	0	0.3	1.1	2.0

采空区回风侧煤自燃高温点瓦斯积聚现象,使走向和倾向监测线上的瓦斯浓度分布曲线均出现了局部跳跃现象,走向上的瓦斯浓度跳跃现象尤其明显,如图 3-17 所示。在倾向上,瓦斯浓度从采空区进风侧边界逐渐增大,在采空区回风侧边界附近大幅度跃升;在走向

上,瓦斯浓度从采空区浅部到煤自燃点大幅度跃升,然后降低,随着进一步深入采空区,瓦斯浓度再次逐渐升高。瓦斯积聚区域仅出现在回风侧煤自燃点,因此可以推断煤自燃产生了导致瓦斯积聚的因素。同样地,煤自燃通过降低气体密度产生浮力效应影响气体的局部运动。在煤自燃点以外,采空区漏风风流是影响瓦斯浓度分布的主要因素。采空区漏风风流经弧线形路线流经采空区,最终流回回风巷道。沿漏风风流路线,漏风风流能量逐渐降低,稀释作用逐渐减小。因此,采空区瓦斯浓度从进风侧附近向回风侧逐渐升高。对比采空区三层监测点的瓦斯浓度监测结果可知,无论在走向还是倾向上,瓦斯积聚现象在底层煤自燃点位置最显著,瓦斯浓度的跃升也最大。根据图 3-18 可知,采空区底层走向和倾向上测点的瓦斯浓度随着工作面风速的增加出现不同程度的降低,瓦斯积聚现象有所减弱。

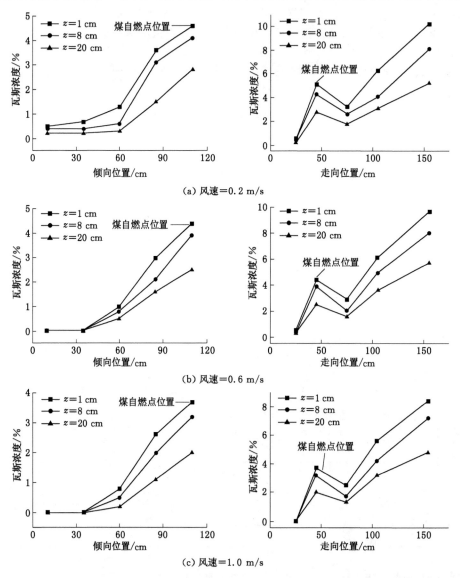

图 3-17　回风侧煤自燃条件下 L-D Line2 和 L-S Line5 测线瓦斯浓度分布曲线

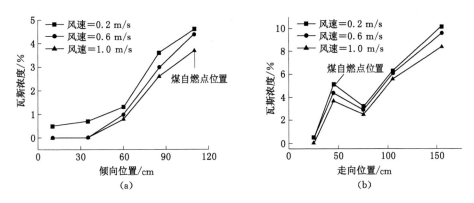

图 3-18　回风侧煤自燃条件下风速对 L1-D Line2 和 L1-S Line5 测线瓦斯浓度分布的影响

图 3-19 和图 3-20 对比了采空区回风侧有无煤自燃影响下的瓦斯浓度分布结果。从图中可以发现,采空区回风侧煤自燃高温点位置的瓦斯积聚现象差别最明显,可以确定采空区回风侧煤自燃高温点对瓦斯运移和瓦斯浓度分布确实产生了明显影响。两种条件下的瓦斯浓度分布相同点在于,采空区瓦斯浓度分布在走向和倾向上仍然呈逐渐增加的趋势,煤自燃点以外的瓦斯浓度情况较为接近。

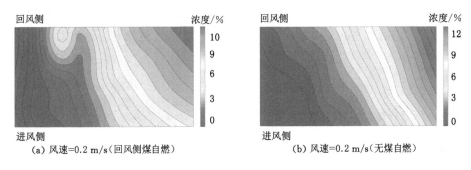

图 3-19　回风侧有无煤自燃条件下采空区瓦斯浓度分布

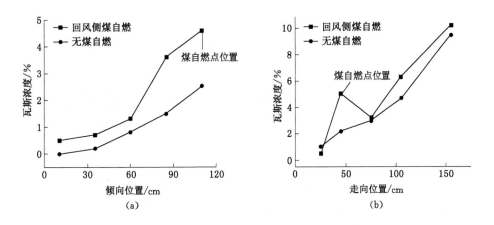

图 3-20　回风侧有无煤自燃条件下 L1-D Line2 和 L1-S Line5 测线瓦斯浓度分布曲线

4 采空区煤自燃环境瓦斯运移积聚规律数值模拟研究

实验模拟研究结果显示,采空区煤自燃点会引起瓦斯积聚现象。无论煤自燃点出现在采空区进风侧还是回风侧,煤自燃点附近的瓦斯浓度相较周围均有明显跃升。尽管实验模拟研究获得了采空区煤自燃诱发瓦斯爆炸灾害形成过程中的瓦斯积聚现象,但定时定点的实验监测方法不能在时间和空间上实现无缝连续测量,一些重要的实验细节和过程无法获取。此外,物理模拟实验耗时长、成本高,容易受外部环境如天气变化的影响。这些因素可能使实验过程中出现异常结果和数据,降低了实验的可重复性。最为关键的是,实验模拟结果与理论分析推断之间缺少了理论模型验证这一重要环节。

本章在采空区煤自燃点瓦斯积聚这一实验现象基础上,根据流体力学、传热学、分子运动理论和多孔介质流体流动理论等内容,建立了采空区煤自燃环境气体流动数值模型,通过软件实现该理论模型并获得模拟结果。在采空区煤自燃环境下气体流动数值模拟结果获得实验结果验证后,以该模型分析揭示采空区煤自燃诱发瓦斯爆炸灾害形成过程中的更多现象。

4.1 数值建模与几何模型

煤矿采空区的工程现场实测和相似模拟实验操作都较为受限,无法获取采空区气体运动的全面信息。数值模拟凭借其丰富灵活的研究方法,成为采空区流场研究的重要补充。采空区流场研究在气体浓度变化、温度变化和风流运动方面取得了丰富的研究成果[7,54,58-63]。这些研究使用的气体流动模型框架相似,包括质量守恒方程、动量守恒方程和能量守恒方程构成的控制方程,组分运输方程、采空区孔隙率及渗透率方程构成的耦合方程。本研究根据研究成果,进一步补充建立的采空区气体流动模型如图 4-1 所示。详细的模型分析见第 2 章,该气体流动模型特点在于实现了温度对气体运动的影响,受温度影响的气体参数包括气体密度、气体扩散系数、风流速度和气体压力等。采空区煤自燃点为局部高温点,煤自燃高温对气体固体的加热作用会导致气体扩散加强、运动速度增大以及运动方向改变,这也是揭示采空区煤自燃诱发瓦斯爆炸灾害形成过程的关键。

本研究通过 COMSOL 多物理场模拟软件对建立的采空区煤自燃环境气体流动模型进行计算、展示和分析。数值模拟中的几何模型结构和尺寸与搭建的物理实验平台相同,如图 4-2 所示。采空区煤自燃环境气体流动模型中的许多参数都与温度相关,温度的变化将影响这些参数的数值。此处仅列出采空区煤自燃环境气体流动模型中的常数型参数,如表 4-1 所示。

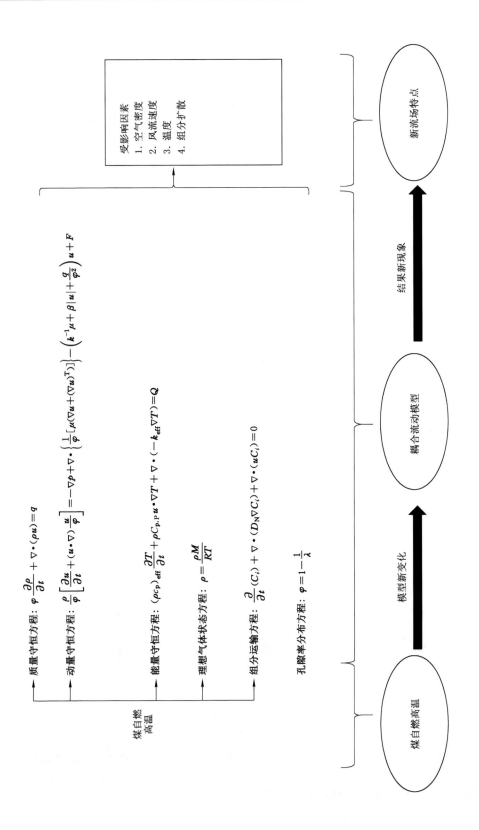

图4-1　采空区煤自燃环境气体流动模型

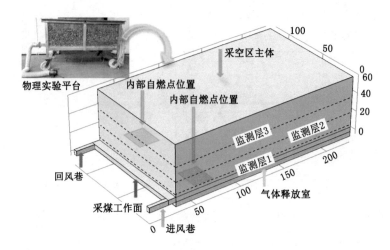

图 4-2　数值模拟中采空区几何模型

表 4-1　气体流动模型中的常数型参数

参　数	数　值	参　数	数　值
垮落带岩石碎胀系数最小值 $\lambda_{hcb,min}$	1.15	垮落带岩石碎胀系数最大值 $\lambda_{hcb,max}$	1.5
裂隙带高度 H_F/m	0.6	理想气体常数 R/[J/(mol·K)]	8.314 462 4
岩石碎胀系数衰减率 a_0	0.268	玻尔兹曼常数 k_b/(J/K)	1.38×10^{-23}
几何调整因子 c_1	0.12	煤粒径 D_p/m	0.04
气体摩尔质量 M/(g/mol)	28.96(Air), 4.0(He)	球径 $r/10^{-9}$ m	0.13(He); 0.173(O_2); 0.182(N_2)
岩石碎胀系数衰减率 a_1	0.036 8	加热模块坐标位置/cm	(15,50)
进回风巷道尺寸(长×宽×高)/cm	20×4×3	采空区尺寸(长×宽×高)/dm	20×12×8
采煤工作面尺寸(长×宽×高)/cm	5×120×3	加热模块尺寸(长×宽×高)/mm	144×124×6
风流速度/(m/s)	0.2	加热温度/K	404
气体释放速度/(mL/min)	150		

4.2　采空区进风侧煤自燃模拟验证及流场分析

　　由实验模拟结果知,采空区进风侧发生煤自燃时,不同工作面风速下煤自燃点会出现瓦斯积聚现象。为避免重复分析相似的瓦斯积聚现象,这里以工作面风速为 0.2 m/s 的情况为例对采空区温度和瓦斯浓度分布结果进行对比分析。采空区煤自燃环境气体流动模型得到验证后,进一步分析煤自燃点对气体密度、气体运动和气体压力分布的影响,揭示采空区进风侧煤自燃点瓦斯积聚的根本原因。

4.2.1　采空区温度和瓦斯浓度分布结果与验证

　　采空区进风侧煤自燃点影响下的温度场分布如图 4-3 所示,该温度场具有高温点范围

小、温度梯度大、煤自燃点范围不对称等主要特点。采空区煤自燃高温点最高温度约为
406 K(132 ℃),与实验模拟设置的煤自燃温度 404 K(130 ℃)相近。距煤自燃点中心约
20 cm 处,温度迅速降低为室温 293 K(20 ℃),形成了较大的温度梯度。通过分析温度等值
线图发现,进风侧煤自燃点的温度分布在走向上并不完全对称,煤自燃点迎风侧高温区域
有轻微的收缩现象,煤自燃点背风侧则具有相对较大的高温区域。

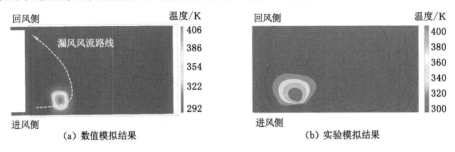

图 4-3　进风侧煤自燃条件下采空区温度分布对比

由图 4-4 可知,走向监测线 L1-S Line2 上 A_2—E_2 的 5 个测点温度分别为 293 K、
406 K、315 K、293 K 和 293 K;倾向监测线 L1-D Line2 上 B_2—B_5 的 5 个测点温度分别为
320 K、406 K、293 K、293 K 和 293 K。煤自燃点迎风侧的温度梯度约为 3.76 K/cm,略大
于背风侧的温度梯度 3.64 K/cm。第二层监测面($z=8$ cm)和第三层监测面($z=20$ cm)上
煤自燃点对应位置的温度梯度分别为 3.2 K/cm 和 0.6 K/cm。在竖直方向上,进风侧煤自
燃点温度梯度约为 3.76 K/cm。在图 4-4(a)和图 4-4(b)中,数值模拟与实验模拟结果的温
度分布对比曲线在走向和倾向上都体现了较好的一致性。

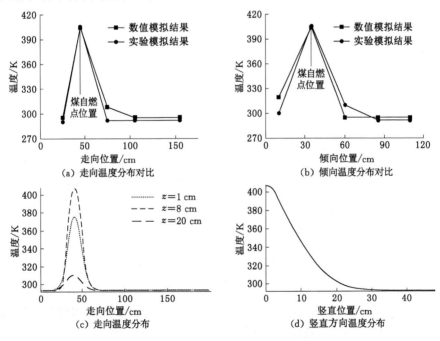

图 4-4　进风侧煤自燃点温度分布曲线

采空区进风侧煤自燃点影响下的温度场分布特征与采空区多孔介质中气体、固体热物理性质和漏风风流影响有关。采空区中岩石、气体的热物理性质共同决定采空区环境的热物理参数范围。研究显示,岩石的比热容和导热系数分别约为 850 J/(kg·K) 和 2 W/(m·K),煤的比热容和导热系数分别约为 850 J/(kg·K) 和 0.2 W/(m·K),空气的比热容和导热系数分别约为 1 000 J/(kg·K) 和 0.026 W/(m·K)[14,171-172]。对比分析可知,采空区中气体和固体的热物理参数都有利于热量积聚,不利于热量向外放散。因此,煤自燃高温点容易保持其较小的高温区域,产生较大的温度梯度。另外,采空区漏风风流作为流动流体,通过在采空区内施加热传导和热弥散等作用来影响采空区温度分布。采空区漏风风流起始于工作面与进风巷连接处,沿弧线流经采空区,最终流回采空区回风侧并汇入回风巷风流中。由于惯性作用,漏风风流在采空区进风侧具有较大的动能,采空区进风侧煤自燃产生的热量在迎风侧较强漏风风流的热耗散作用影响下,热量耗散加大导致高温区域缩小,而煤自燃点背风侧受影响较小,最终形成煤自燃高温点温度分布在走向上不对称的现象。综上可知,采空区多孔介质中气体和固体的热物性参数均有利于煤自燃热量的堆积,从而形成高温点并能够持续保持其影响范围,在漏风风流所产生的热耗散作用下,煤自燃点迎风侧的高温区域小幅收缩。由第 2 章理论分析可知,采空区进风侧煤自燃高温点的稳定存在会对周围气体流动和组分扩散产生明显的扰动现象。同时,采空区进风侧的漏风风流因具有较大的流动能量也将对气体流动和组分扩散产生一定影响。

采空区进风侧煤自燃环境下的瓦斯浓度分布情况如图 4-5 所示,瓦斯浓度分布呈现与实验模拟结果相同的两个明显分布特征:第一,进风侧煤自燃影响下,发生瓦斯积聚现象,瓦斯积聚位置位于煤自燃点右上方;第二,瓦斯浓度在走向和倾向上总体呈递增趋势。数值模拟结果显示,煤自燃点引起的瓦斯积聚位置发生了漂移现象。

图 4-6 所示瓦斯浓度曲线显示,采空区第一层($z=1$ cm)走向监测线 L1-S Line2 上 $A_2—E_2$ 的 5 点瓦斯浓度分别为 0、1.8%、1.6%、3.6% 和 8%;倾向监测线 L1-D Line2 上 $B_1—B_5$ 的 5 点瓦斯浓度分别为 0、1.8%、1%、1.6% 和 3%。受浮力作用和漏风风流稀释作用影响,瓦斯从采空区垮落带运动到裂隙带时,各测点瓦斯浓度有所降低。第二层($z=8$ cm)走向监测线 L2-S Line2 上 $A_2—E_2$ 的 5 点瓦斯浓度分别为 0、1.1%、0.7%、2% 和 3.6%;倾向监测线 L2-D Line2 上 $B_1—B_5$ 的 5 点瓦斯浓度分别为 0、1.1%、0.7%、1.1% 和 2%。当漏风风流运动到弯曲下沉带时,由于下部的瓦斯稀释作用和弯曲下沉带较小的孔隙率,各测点瓦斯浓度继续降低。第三层($z=20$ cm)走向监测线 L3-S Line2 上 $A_2—E_2$ 的 5 点瓦斯浓度分别为 0、0.4%、0.9%、1.4% 和 2%;倾向监测线 L3-D Line2 上 $B_1—B_5$ 的 5 点瓦斯浓度分别为 0、0.4%、0.7%、0.9% 和 1.2%。通过对比采空区温度分布和瓦斯浓度分布发现,瓦斯积聚区域位于煤自燃点右上角,即瓦斯积聚位置出现漂移现象。在水平方向上,高温区域中心点坐标为(45 cm,22 cm),距工作面距离约 45 cm,距采空区进风侧边界约 22 cm,而瓦斯积聚中心点坐标为(55 cm,30 cm),距工作面距离约 55 cm,距采空区进风侧边界约 30 cm,在走向上向偏移约 10 cm。图 4-6 对比了实验模拟和数值模拟得到的采空区煤自燃点中线上瓦斯浓度分布结果,两结果均显示瓦斯浓度在煤自燃点位置出现了跃升现象,瓦斯浓度变化趋势具有较好的一致性,这说明本研究建立的采空区煤自燃环境气体流动模型能够解释采空区进风侧煤自燃点瓦斯积聚现象。

根据本书建立的采空区煤自燃环境气体流动模型特点,采空区进风侧煤自燃高温点对

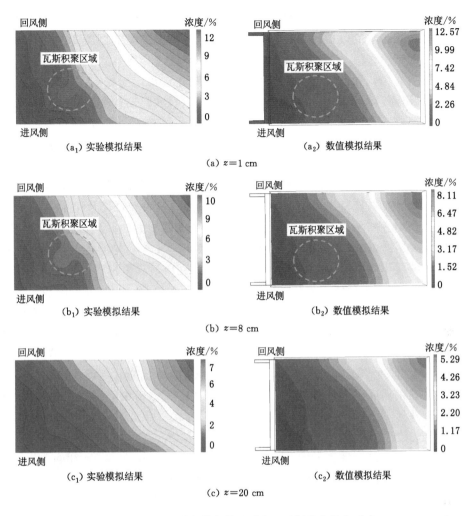

图 4-5 进风侧煤自燃条件下采空区瓦斯浓度分布对比

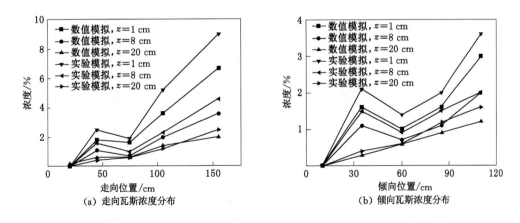

图 4-6 L-S Line2 和 L-D Line2 测线瓦斯浓度分布曲线对比

周围气体热物理性质的改变是煤自燃点瓦斯积聚的重要原因。由理想气体状态方程知,气体密度随温度升高而降低,在重力作用下,高温产生的气体密度差在竖直方向上对气体运动产生了额外的浮力作用,即著名的热浮力效应。采空区煤自燃点的气体在竖直方向上受到较大的浮升力作用,不断向上运动。同时,上升气流在运动的起始点位置形成负压区,不断地抽吸周围瓦斯气体,最终形成煤自燃高温点瓦斯积聚和瓦斯浓度升高现象。瓦斯积聚位置漂移则需要进一步考虑采空区漏风风流运动产生的影响。一方面,煤自燃高温点产生的浮力作用和负压作用将周围瓦斯吸入煤自燃点形成了瓦斯积聚;另一方面,从工作面进入采空区的漏风风流在进风侧具有较高的动能,产生了较强的风流冲击作用和较强的瓦斯稀释作用。当漏风风流运动到采空区进风侧煤自燃高温点附近时,漏风风流在水平方向上的冲击作用较容易影响竖直方向的浮力作用。水平方向漏风风流的水平冲击作用和竖直方向上热浮力作用叠加导致上升热气流沿漏风风流运动路线方向倾斜,最终造成瓦斯积聚位置漂移现象。因此,采空区进风侧发生煤自燃灾害时,煤自燃高温点产生的热浮力和采空区漏风风流共同作用决定了采空区煤自燃点附近的瓦斯运移积聚规律。

4.2.2 采空区气体密度和浮力分布特征

采空区进风侧煤自燃点附近空气密度变化规律如图 4-7 所示,空气密度在煤自燃点附近明显降低。煤自燃点中心温度约为 406 K(133 ℃),空气密度约为 0.78 kg/m³,与室温下气体密度 1.08 kg/m³ 相比,气体密度降幅约为 28%。煤自燃点中心向外延伸约 20 cm,温度迅速降低至室温 293 K(20 ℃),气体密度也迅速恢复至室温正常密度值。采空区煤自燃点附近较大的温度梯度意味着煤自燃点内外剧烈变化的气体密度,气体密度在煤自燃点走向中线上呈漏斗形分布,如图 4-8(a)所示。在竖直方向上,煤自燃点上方气体密度单调性地升高至室温密度值,如图 4-8(b)所示。煤自燃点上方 8 cm 处空气密度约为 0.85 kg/m³;煤自燃点上方 20 cm 处空气密度为 1.02 kg/m³,接近空气室温密度。综上可知,在采空区煤自燃环境气体流动模型中引入理想气体状态方程的情形下,采空区煤自燃点对周围气体密度产生了显著影响,温度对气体密度的影响作用在采空区煤自燃环境气体运动研究中不应忽略。

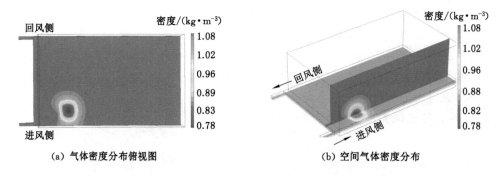

(a) 气体密度分布俯视图　　　　　　(b) 空间气体密度分布

图 4-7　进风侧煤自燃条件下采空区气体密度分布

气体密度大幅度变化最直接的影响表现为竖直方向上的浮力作用。采空区煤自燃点周围气体重力变化情况如图 4-9 所示。采空区煤自燃点中心气体所受重力为 7.65 N/m³,与常温下气体重力 10.6 N/m³ 相比,气体重力降幅约为 28%。在煤自燃点上方 8 cm 处,气体所受重力约为 8.3 N/m³,气体重力降幅约为 22%;在煤自燃点上方 20 cm 处,气体所受

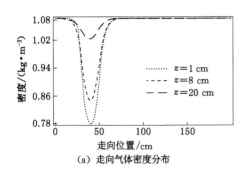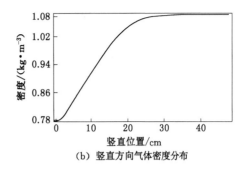

（a）走向气体密度分布　　　　　　　（b）竖直方向气体密度分布

图 4-8　进风侧煤自燃点气体密度分布曲线

重力约为 10 N/m³，接近室温下的气体重力值。根据牛顿第一定律可知，物体所受外力的变化将会改变物体运动状态。气体密度和气体重力的剧烈变化仅发生在煤自燃点附近，因此煤自燃点周围的气体运动必然发生改变。由于浮力作用方向为竖直向上，据此可推断煤自燃高温点的气体将会产生向上的浮升气流。同时，采空区多孔介质特性和漏风风流也将进一步增加煤自燃高温点附近气体运动的复杂性。

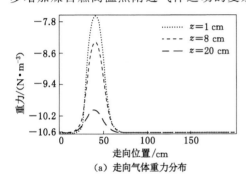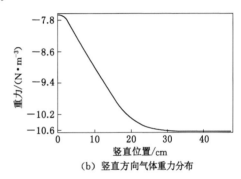

（a）走向气体重力分布　　　　　　　（b）竖直方向气体重力分布

图 4-9　进风侧煤自燃点气体重力分布曲线

4.2.3　采空区风流运动特征

采空区进风侧煤自燃高温点附近风流运动规律如图 4-10 所示。如以上理论分析推断，图中煤自燃点附近风流出现了明显的上升运动，同时在煤自燃高温点周围还出现了气体涡流运动，且煤自燃点迎风侧气体涡流规模更大。图 4-11 所示速度变化曲线显示在三层监测面上，煤自燃点走向和倾向中线上的风流速度竖直分量均呈现先增大后减小的趋势，在煤自燃点对应位置的风流速度竖直分量分别达到 0.03 m/s（$z=1$ cm）、0.035 m/s（$z=8$ cm）和 0.018 m/s（$z=20$ cm）。煤自燃点上升气流的动力由气体密度变化引起的浮力提供，采空区底层的煤自燃点温度最高，产生浮力作用最大。然而，采空区进风侧明显的漏风风流冲击作用影响了该处风流的上升运动，导致底层气流上升速度降低。随着气流位置升高，孔隙率降低和流动阻力的增大，漏风风流的冲击作用迅速减小，气体浮力作用重新成为主要作用力，气流的上升速度增大。当气流运动至较高处时，煤自燃点的高温作用迅速降低，气体浮力作用减小，气流上升速度降低。

图 4-10 中气体涡流运动现象，由煤自燃点内的上升气流和煤自燃点外的下降气流以及煤自燃点附近的卷吸气流组成。图 4-11（a）所示的风流流速竖直分量曲线显示，煤自燃点

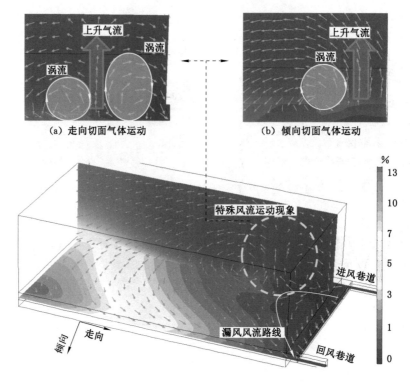

图 4-10　进风侧煤自燃条件下采空区风流运动规律

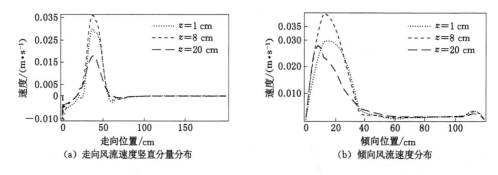

（a）走向风流速度竖直分量分布　　　　（b）倾向风流速度分布

图 4-11　进风侧煤自燃点风流速度分布曲线

迎风侧和背风侧风速竖直分量分别为－0.001 m/s 和－0.002 m/s,风速竖直分量负值表示涡流中的下降运动。第二层监测面上（$z=8$ cm）的速度结果显示,煤自燃点迎风侧和背风侧的风速竖直分量分别为 0 m/s 和－0.001 5 m/s,煤自燃点背风侧仍然存在风流下降运动。风流下降运动在煤自燃点迎风侧和背风侧的不同表现也与漏风风流影响有关。漏风风流在煤自燃点迎风侧存在较明显的冲击作用,在多孔介质阻力和煤自燃点负压影响下,迎风侧漏风风流对涡流中的上升气流具有明显的推动作用,对下降气流具有一定的抑制作用,从而导致煤自燃点迎风侧的涡流规模更大。在煤自燃点背风侧,漏风风流因克服煤自燃点迎风侧阻力消耗了大量能量,对此处风流运动的影响作用减弱,导致煤自燃点背风侧的风流下降运动能够继续保持。煤自燃点的卷吸气流由煤自燃点形成的负压区域产生,完成气体涡流运动中由下降气流到上升气流的转变。采空区内的典型风流运动特征为图 4-10 所示的漏风风流运动,漏风风流起始于工作面与进风巷道连接处,沿弧线流经采空区,最终经采空区回风侧流回回风巷道。

图 4-12(a)显示,采空区进风侧煤自燃点走向中线上风流速度竖直分量的跃升位置与气体所受重力的降低位置存在明显的对应关系,两个参数的变化均出现在采空区进风侧煤自燃点位置,而气体重力的变化与气体密度变化直接相关。图 4-12(b)显示,气体密度的降低位置也出现在采空区煤自燃点,并且与煤自燃点温度变化呈现明显的对应关系。综上可知,采空区进风侧煤自燃点改变了煤自燃点内的气体密度,以浮力形式作用于气体运动并产生上升气流。这一理论分析和物理作用通过本书所建立的采空区煤自燃环境气体流动模型在数值模拟结果中得到了很好的实现,并较好地解释了实验结果。

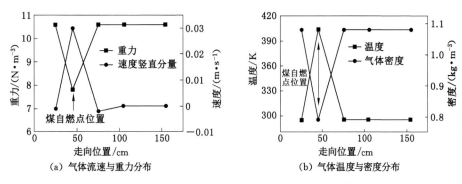

（a）气体流速与重力分布　　　　　（b）气体温度与密度分布

图 4-12　进风侧煤自燃条件下 L1-S Line2 测线气体参数分布

4.2.4　采空区压力分布特征

煤自燃点产生的高温对周围风流运动产生扰动影响,同时也会改变周围的空间压力分布。本书建立的采空区煤自燃环境气体流动模型得到实验结果验证后,数值模拟所得到的采空区进风侧煤自燃条件下的压力分布结果如图 4-13 所示,煤自燃点周围的压力在不同高度位置分别呈现负压和正压分布特点。

对比分析图 4-13 中的压力分布特点可知,采空区煤自燃点在底平面上形成了相对低压区,在中高层平面上则形成了相对高压区。这里选取煤自燃点走向中线的压力数据进行对比分析。第一层($z=1$ cm)走向监测线 L1-S Line2 上 A_2—E_2 的 5 点压力分别为 1.082 Pa、1.018 Pa、1.068 Pa、1.077 Pa 和 1.076 Pa;第二层($z=8$ cm)走向监测线 L2-S Line2 上 A_2—E_2 的 5 点压力分别为 0.502 Pa、0.518 Pa、0.493 Pa、0.492 Pa 和 0.491 Pa;第三层($z=20$ cm)走向监测线 L3-S Line2 上 A_2—E_2 的 5 点压力分别为 -0.77 Pa、-0.745 Pa、-0.78 Pa、-0.782 Pa 和 -0.785 Pa。压力分布曲线上煤自燃点位置压力的下降和跳跃代表着煤自燃点产生的局部负压和局部正压。经计算,煤自燃点在第一层($z=1$ cm)监测面形成了约 0.05 Pa 的负压,在第二层($z=8$ cm)和第三层($z=20$ cm)监测面分别形成了约 0.018 Pa 和 0.035 Pa 的正压。以煤自燃点压力值为参考点得到的压差变化曲线如图 4-14 所示。

结合前两节得到的煤自燃点气体密度变小、气体产生浮力和上升气流特征,对比烟囱效应特点可知,采空区进风侧煤自燃高温点产生了局部的烟囱效应,改变了煤自燃点附近

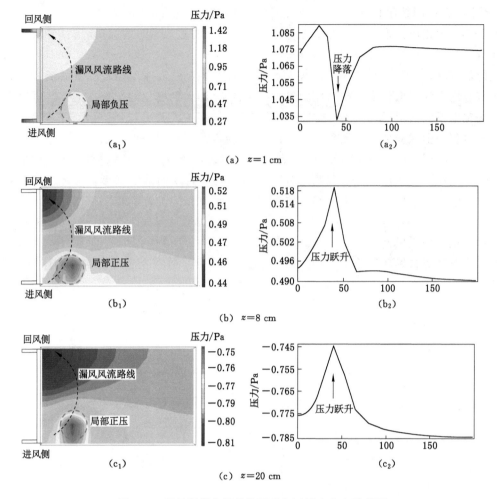

图 4-13　进风侧煤自燃条件下采空区压力分布示意图

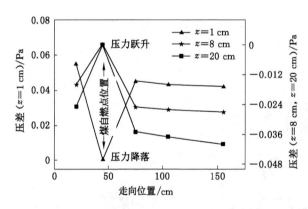

图 4-14　进风侧煤自燃条件下 L-S Line2 测线压差分布

的气体运动规律。烟囱效应是由竖直方向上气体密度变化引起的气体自发流进流出半封闭空间的运动,温差产生的浮力是推动气体运动的根本原因。竖直方向上的气体温差越大,气体浮力作用越明显,气体对流也越剧烈。同时,烟囱效应会在烟囱底部产生负压,在烟囱上部产生正压。采空区中的煤岩体具有较小的导热系数,煤岩体像烟囱壁一样将热量锁在自燃区域导致煤自燃点温度升高并维持高温状态。采空区煤自燃点持续地对内部气体进行加热,气体密度大幅度降低,而煤自燃点外部气体密度无明显变化。因此,煤自燃点在竖直方向上通过形成明显的气体密度差产生浮力作用。在浮力推动作用下,采空区煤自燃点的空气不断向上运动,形成上升气流;上升气流在运动起始点即煤自燃点形成负压区,在上升过程中形成局部高压区。

4.3 采空区回风侧煤自燃模拟验证及流场分析

根据实验模拟结果可知,当采空区回风侧发生煤自燃时,煤自燃点会出现瓦斯积聚现象。这里以工作面风速为 0.2 m/s 为例对采空区温度和瓦斯浓度分布的数值模拟结果进行分析。采空区煤自燃环境气体流动模型得到实验结果验证后,进一步分析煤自燃点对气体密度、气体运动和气体压力分布的影响,揭示采空区回风侧煤自燃点瓦斯积聚的原因。

4.3.1 采空区温度和瓦斯浓度分布结果与验证

采空区回风侧煤自燃点影响下的温度场分布如图 4-15 所示,该温度场同样具有高温点范围小、温度梯度大的特点,且温度分布形态较为对称。煤自燃点最高温度约为 403 K(130 ℃),与实验模拟设置的 404 K(131 ℃)接近。距煤自燃点中心约 20 cm 处,温度迅速降低为室温 293 K(20 ℃),形成了较大的温度梯度。与进风侧煤自燃点温度分布不同,回风侧煤自燃点温度分布在走向上较为对称。

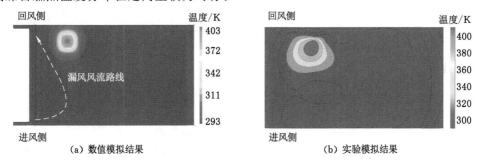

图 4-15　回风侧煤自燃条件下采空区温度分布对比

由图 4-16 可知,走向监测线 L1-S Line5 上 A_5—E_5 的 5 个测点温度分别为 310 K、403 K、293 K、293 K 和 293 K;倾向监测线 L1-D Line2 上 B_2—B_5 的 5 个测点温度分别为 293 K、293 K、293 K、310 K 和 403 K。第一层监测面(z=1 cm)上的温度梯度最大,约为 3.7 K/cm。第二层监测面(z=8 cm)和第三层监测面(z=20 cm)上的温度梯度分别约为 2.1 K/cm 和 0.23 K/cm。在竖直方向上,回风侧煤自燃点温度梯度约为 3.7 K/cm。图 4-16(a)和图 4-16(b)显示,数值模拟与实验模拟得到的温度分布曲线对比结果在走向和倾向上均有较好的一致性。

采空区回风侧煤自燃点影响下的温度场分布同样与采空区多孔介质中的气体、固体热物理性质有关。采空区中气体和固体的热物理参数有利于热量积聚,而不利于热量向外放散。当采空区发生煤自燃时,煤氧化产生的热量在采空区环境中容易形成并维持高温区域。同时,当漏风风流运动到采空区回风侧时,漏风风流能量因流动阻力而不断消耗降低,风流速度已大幅度降低,漏风风流在回风侧引起的热量耗散作用较小。因此,采空区回风侧的煤自燃点受外部漏风风流影响较小,温度分布较为对称。综上可知,采空区回风侧发生煤自燃灾害时,煤自燃产生的热量在采空区多孔介质中气体、固体热物性环境下能够形成并维持高温状态,这将对煤自燃点周围的气体流动和组分扩散产生显著影响。

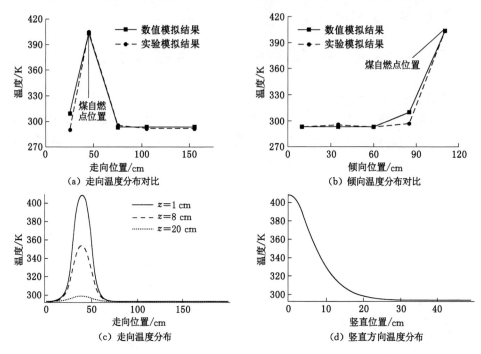

图 4-16　回风侧煤自燃点温度分布曲线

采空区回风侧煤自燃条件下瓦斯浓度分布情况如图 4-17 所示,瓦斯浓度分布呈现与实验模拟结果相同的两个明显分布特征:第一,在回风侧煤自燃点影响下,煤自燃点出现瓦斯积聚现象;第二,瓦斯浓度在走向和倾向上总体呈递增趋势。数值模拟结果中并未发现类似采空区进风侧煤自燃点瓦斯积聚位置漂移的现象。

由图 4-18 可知,采空区第一层($z = 1$ cm)走向监测线 L1-S Line5 上 A_5—E_5 的 5 点瓦斯浓度分别为 1%、4.1%、2.9%、4.7% 和 9.1%;倾向监测线 L1-D Line2 上 B_1—B_5 的 5 点瓦斯浓度分别为 0.3%、0.3%、1%、3.2% 和 4.1%。受浮力作用和漏风风流稀释作用影响,瓦斯从垮落带运动到裂隙带时,各测点瓦斯浓度有所降低。第二层($z = 8$ cm)走向监测线 L2-S Line5 上 A_5—E_5 的 5 点瓦斯浓度分别为 0.5%、3.8%、2%、3.3% 和 7%;倾向监测线 L2-D Line2 上 B_1—B_5 的 5 点瓦斯浓度分别为 0.2%、0.2%、0.2%、2.9% 和 3.8%。当漏风风流运动到弯曲下沉带时,各测点的瓦斯浓度继续降低。第三层($z = 20$ cm)走向监测线 L3-S Line5 上 A_5—E_5 的 5 点瓦斯浓度分别为 0.5%、2.2%、1.3%、2.2% 和 4.2%;倾向监测线 L3-D Line2 上 B_1—B_5 的 5 点瓦斯浓度分别为 0.18%、0.18%、0.18%、1% 和 2.2%。图 4-18 对比了实验模拟和数值模拟得到的采空区回风侧煤自燃点中线上的瓦斯浓度分布

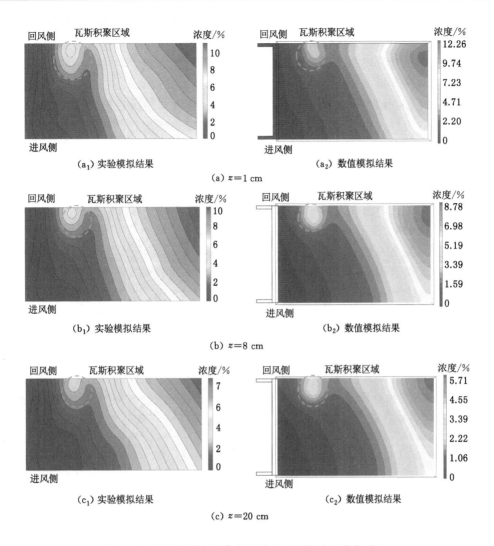

图 4-17 回风侧煤自燃条件下采空区瓦斯浓度分布对比

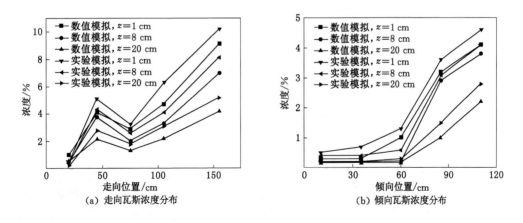

图 4-18 L-S Line5 和 L-D Line2 测线瓦斯浓度分布曲线对比

曲线结果,煤自燃点位置瓦斯浓度均出现了跃升现象,瓦斯浓度变化趋势具有较好的一致性。

本书所得到的数值模拟结果之所以能够反映瓦斯积聚现象,原因在于所建立的采空区煤自燃环境气体流动模型将煤自燃点高温产生的热浮力效应对气体运动的影响进行了耦合。根据气体流动模型中的理想气体状态方程,气体密度将随温度的升高而降低,并产生热浮力效应和浮升气流现象。周围瓦斯在煤自燃点的负压抽吸作用下被吸入煤自燃点,然后被加热形成浮升气流,从而导致煤自燃高温点瓦斯积聚和瓦斯浓度升高现象。在采空区回风侧边界附近,漏风风流经历较大流动阻力后对瓦斯积聚所产生的稀释作用有限,不能对热浮力作用造成明显的冲击扰动。因此,采空区回风侧发生煤自燃灾害时,煤自燃高温点产生的热浮力作用作为主要因素决定了采空区回风侧煤自燃点瓦斯积聚特征。

4.3.2 采空区气体密度及浮力分布特征

采空区回风侧煤自燃点附近气体密度变化规律如图 4-19 所示,空气密度在煤自燃点附近大幅度降低。煤自燃点中心温度约为 403 K(130 ℃),此时空气密度约为 0.78 kg/m³,与室温气体密度 1.08 kg/m³ 相比,气体密度降幅约为 28%。煤自燃点中心向外延伸约 20 cm,温度迅速降低至室温 293 K(20 ℃),气体密度也迅速恢复至正常室温密度值。采空区煤自燃点附近较大的温度梯度意味着煤自燃点内外的气体密度发生剧烈变化。气体密度在煤自燃点走向中线上呈漏斗形分布,如图 4-20(a)所示。在竖直方向上,煤自燃点上方的气体密度单调性地升高至室温密度值,如图 4-20(b)所示。煤自燃点上方 8 cm 处空气密度约为 0.9 kg/m³;煤自燃点上方 20 cm 处空气密度为 1.06 kg/m³,接近空气室温密度。综上可知,采空区煤自燃点附近气体密度受高温作用明显降低。气体密度的剧烈变化导致气体重力大幅度变化,并以浮力形式影响气体运动。

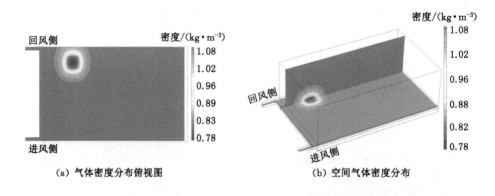

(a) 气体密度分布俯视图   (b) 空间气体密度分布

图 4-19　回风侧煤自燃条件下采空区气体密度分布

采空区回风侧煤自燃点周围的气体重力变化情况如图 4-21 所示。煤自燃点中心气体所受重力为 7.65 N/m³,与常温下气体重力 10.6 N/m³ 相比,气体重力降幅约为 28%。在竖直方向上,煤自燃点上方 8 cm 处气体所受重力约为 8.8 N/m³,气体重力降幅约为 17%;煤自燃点上方 20 cm 处气体所受重力约为 10.4 N/m³,接近室温下的气体重力值。煤自燃点附近气体因温度变化受到不同的重力作用产生浮力效应。根据重力作用方向可知,煤自燃点内将产生气流上升现象并加强气体对流。

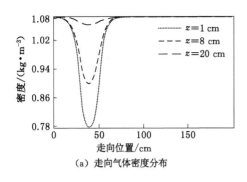 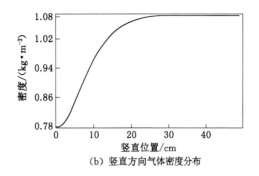

（a）走向气体密度分布　　　　（b）竖直方向气体密度分布

图 4-20　回风侧煤自燃点气体密度分布曲线

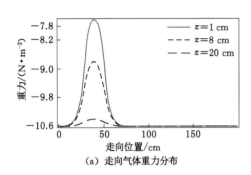 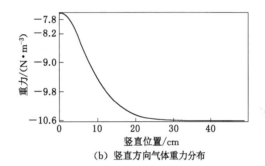

（a）走向气体重力分布　　　　（b）竖直方向气体重力分布

图 4-21　回风侧煤自燃点气体重力分布曲线

4.3.3　采空区风流运动特征

采空区回风侧煤自燃点附近的风流运动规律如图 4-22 所示，煤自燃高温点附近出现明显的特殊风流运动，包括煤自燃点的上升气流和煤自燃点周围的气体涡流运动，且煤自燃点迎风侧气体涡流规模更小。图 4-23 所示速度变化曲线显示，在三层监测面上，煤自燃点走向和倾向中线上的风流流速竖直分量在煤自燃点位置均发生跃增现象，风流速度竖直分量分别达到 0.013 m/s（$z=1$ cm）、0.008 m/s（$z=8$ cm）和 0.002 2 m/s（$z=20$ cm）。由于回风侧煤自燃点位于漏风风流路线末尾，受漏风风流影响作用较小，回风侧煤自燃点产生的浮力成为上升气流运动的主要动力。采空区底层的煤自燃点温度最高，浮力作用最大，气流的上升速度也最大。随着气流升高远离高温区域，气体温度下降，浮力作用逐渐减小，气流的上升速度随高度增加而逐渐降低。

图 4-22 中的气体涡流运动现象，由煤自燃点内的上升气流和煤自燃点外的下降气流以及底部煤自燃点附近的卷吸气流组成。图 4-23（a）所示的风流流速竖直分量曲线显示，煤自燃点迎风侧和背风侧的风速竖直分量分别为 −0.002 m/s 和 −0.001 m/s，风速竖直分量负值代表涡流中的下降运动。第二层监测面（$z=8$ cm）上的速度分布结果显示，煤自燃点迎风侧和背风侧的风速竖直分量分别为 −0.002 m/s 和 −0.000 5 m/s。煤自燃点迎风侧的气流沉降更明显且变化较小，背风侧的气流沉降随高度增加逐渐减弱。漏风风流在采空区回风侧流向回风巷道，而工作面和回风巷道连接处的风流出口位置较低、面积较小，漏风风流在该处呈球形内向放射状运动，漏风风流以沉降气流为主且流速在煤自燃点迎风侧有

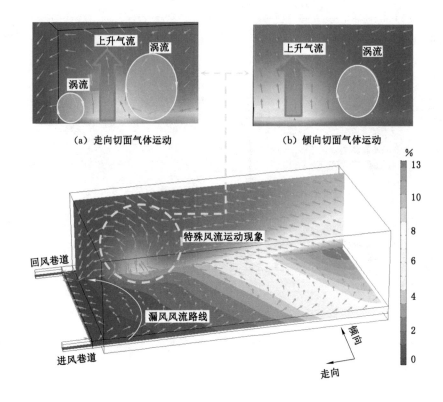

图 4-22　回风侧煤自燃条件下采空区风流运动规律

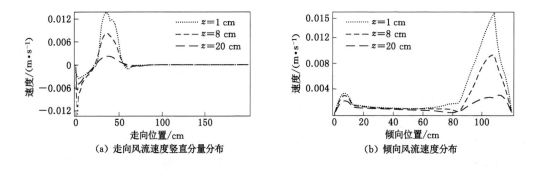

图 4-23　回风侧煤自燃点风流速度分布曲线

增大趋势。受漏风风流沉降运动影响，采空区回风侧煤自燃点迎风侧上升气流受到抑制，下降气流得到加强，从而导致煤自燃点迎风侧气体涡流运动规模减小。在煤自燃点上升气流对漏风风流的阻挡作用下，采空区回风侧煤自燃点背风侧的气体涡流运动受影响较小，涡流规模相对较大。煤自燃点的卷吸气流由煤自燃点形成的负压区域产生，完成气体涡流运动中由下降气流到上升气流的转变。采空区内典型风流运动特征为图 4-22 所示的漏风风流状态，漏风风流起始于工作面与进风巷道连接处，沿弧线流经采空区，最终经采空区回风侧流回回风巷道。

图 4-24（a）显示，采空区回风侧煤自燃高温点走向中线上风流速度竖直分量的跃升位

置与气体所受重力的降低位置存在明显对应关系,二者均出现在采空区回风侧煤自燃点位置,而气体重力的变化由气体密度变化直接相关。图 4-24(b)显示,气体密度的降低位置也出现在采空区回风侧煤自燃点,并且与煤自燃点温度变化呈现明显对应关系。综上可知,采空区回风侧煤自燃点改变了局部的气体密度,并以浮力形式作用于气体运动产生上升气流。这一理论分析通过所建立的采空区煤自燃环境气体流动模型在数值模拟结果中得到了较好实现。

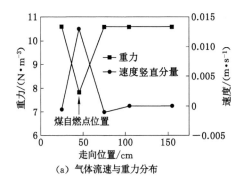 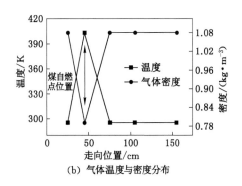

(a) 气体流速与重力分布　　　　　(b) 气体温度与密度分布

图 4-24　回风侧煤自燃条件下 L1-S Line5 测线气体参数分布

4.3.4　采空区压力分布特征

采空区回风侧煤自燃条件下的压力分布规律如图 4-25 所示,煤自燃点周围的压力在不同高度上呈现不同的分布特点。采空区回风侧煤自燃点在底平面上形成了相对低压区,在中高层平面上则形成了相对高压区。由图 4-25 可知,第一层($z = 1$ cm)走向监测线 L1-S Line4 上 A_4—E_4 的 5 点压力分别为 1.63 Pa、1.608 Pa、1.69 Pa、1.71 Pa 和 1.72 Pa;第二层($z = 8$ cm)走向监测线 L2-S Line4 上 A_4—E_4 的 5 点压力分别为 1.065 Pa、1.107 Pa、1.098 Pa、1.12 Pa 和 1.135 Pa;第三层($z = 20$ cm)走向监测线 L3-S Line4 上 A_4—E_4 的 5 点压力分别为 -0.187 Pa、-0.148 Pa、-0.162 Pa、-0.15 Pa 和 -0.14 Pa。压力分布曲线上煤自燃点位置的压力下降和跃升分别代表煤自燃点产生的局部负压和局部正压。经计算知,煤自燃点在第一层($z = 1$ cm)监测面上形成约 0.06 Pa 的负压,在第二层($z = 8$ cm)和第三层($z = 20$ cm)监测面上分别形成约 0.025 Pa 和 0.0265 Pa 的正压。以煤自燃点压力值为参考点得到的压差变化曲线如图 4-26 所示。综上可知,采空区回风侧煤自燃点会在底层形成负压,在中高位置形成正压。

与采空区进风侧煤自燃点情况相似,采空区回风侧煤自燃点同样产生局部烟囱效应,影响了煤自燃点的气体运动。烟囱效应是竖直方向上气体密度减小引起的上升气流运动,气体温差越大,气体密度差越大,浮力作用越明显。烟囱效应在底部产生负压区域并不断卷吸周围气体,上升气流则在路线上产生正压。由于采空区中煤岩体较小的导热系数,煤自燃热量不断堆积形成并维持高温区域。煤自燃高温点持续地对局部气体进行加热,在竖直方向上不断增大空气密度差,产生明显的浮力作用。在热浮力作用下,煤自燃点的空气向上运动,形成浮升气流,同时在底部煤自燃点形成负压,在气流上升过程中形成局部正压。

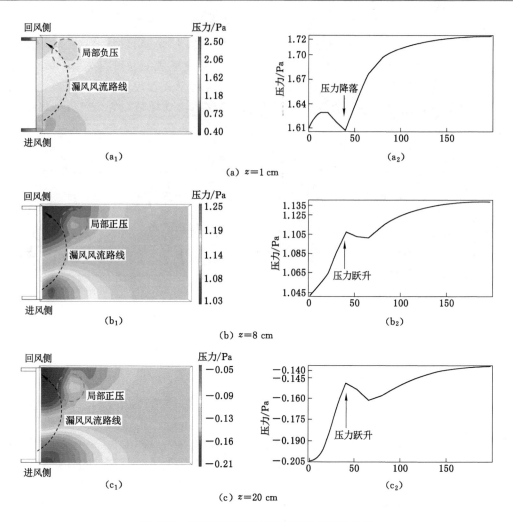

图 4-25　回风侧煤自燃条件下采空区压力分布

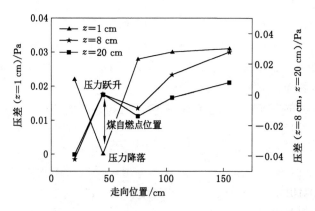

图 4-26　回风侧煤自燃条件下 L-S Line4 测线压差分布

5 采空区煤自燃诱发瓦斯爆炸灾害
形成过程中的浮力效应

采空区进风侧和回风侧煤自燃条件下的实验模拟结果得到了煤自燃点瓦斯积聚的新现象,通过建立耦合热浮力作用的采空区煤自燃环境气体流动模型,煤自燃点瓦斯积聚的理论推断得到证实,并获得了瓦斯积聚过程中的更多细节。数值模拟结果与实验模拟结果的一致性验证了采空区煤自燃环境气体流动模型的合理性。本章将对比采空区煤自燃环境气体流动模型中的热浮力作用,从瓦斯浓度、气体密度、空间压力、风流运动角度分析有无热浮力作用的差异,进一步说明采空区煤自燃点对气体运动和瓦斯浓度分布的重要影响;通过对比分析不同煤自燃温度下采空区煤自燃点瓦斯积聚、气体密度和空间压力分布变化情况,研究采空区煤自燃环境气体流动模型的温度敏感性;最后,对采空区煤自燃诱发瓦斯爆炸的灾害形成机理进行总结。

5.1 采空区气体流动模型对比

目前采空区煤自燃灾害理论研究和模拟研究已取得长足发展,能够获得采空区气体浓度、煤自燃点位置和温度的分布情况。以往采空区数值模拟研究中,气体密度常作为定值出现,未考虑气体密度随煤自燃温度的变化,无法实现由气体密度变化产生的浮力作用。同时,在二维数值模拟中,研究采空区水平面上的气体浓度和温度分布时,竖直方向上的气体浮力作用也是难以实现的。现实气体密度受温度变化影响一定会发生改变并产生浮力。因此,通过物理模拟实验难以实现气体密度变化,从而不产生浮力效应。在数值模拟中,气体密度、气体温度和气体重力之间的变化是基于物理数学关系建立的,三者之间的关系可以在数值模型中进行单独调节控制。

本书建立的采空区煤自燃环境气体流动模型是在现有研究基础上发展而来的,其特点在于实现了气体密度随温度变化产生的气体浮力,并以力的形式反映到控制方程中,最终实现温度对气体运动的影响模拟。为强调气体温度变化产生的浮力在采空区煤自燃诱发瓦斯爆炸灾害形成过程中的重要作用,本节以建立的采空区煤自燃环境气体流动模型为基础,以气体浮力项作为唯一变量,对比采空区进风侧和回风侧煤自燃条件下的数值模拟结果,从采空区瓦斯浓度、气体密度和气体重力、气体压力及风流运动角度分析其中的差异。

5.1.1 采空区进风侧煤自燃条件数值模拟结果对比

采空区进风侧煤自燃环境有无浮力条件下的瓦斯浓度分布结果如图 5-1 所示。由图可知,有浮力和无浮力条件下的采空区瓦斯浓度分布的整体趋势并未发生明显变化,瓦斯浓度在走向和倾向上呈总体递增趋势。在煤自燃点位置存在明显差别,无浮力条件下,煤自燃点位置瓦斯浓度梯度和瓦斯浓度分布过渡平缓;在有浮力条件下,煤自燃点位置右上角出现了明显的瓦斯积聚和瓦斯浓度升高现象,瓦斯积聚区呈"η"形状分布。

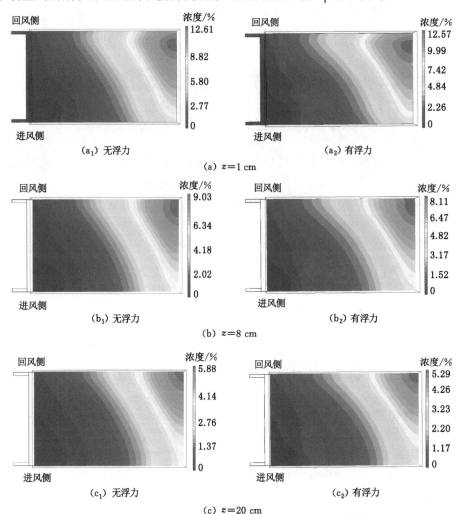

图 5-1　进风侧煤自燃有无浮力条件下采空区瓦斯浓度分布

由图 5-2 可知,采空区第一层($z=1$ cm)走向监测线 L1-S Line2 上 A_2—E_2 的 5 点瓦斯浓度在无浮力条件下分别为 0、0.5%、1%、2.2% 和 5.5%,在有浮力条件下分别为 0、1.8%、1.6%、3.6% 和 6.8%;倾向监测线 L1-D Line2 上 B_1—B_5 的 5 点瓦斯浓度在无浮力条件下分别为 0、0.5%、1%、1.45% 和 1.74%,在有浮力条件下分别为 0、1.8%、1%、1.6% 和 3%。无论走向还是倾向上,有浮力条件下的瓦斯浓度在煤自燃点位置均出现了跳跃,无浮力条件下的瓦斯浓度呈单调平缓的递增趋势。第二层($z=8$ cm)走向监测线 L2-S Line2 上 A_2—E_2 的 5 点瓦斯浓度在无浮力条件下分别为 0、0.3%、0.7%、1.4% 和 3.6%,在有浮力条件下分别为 0、1.1%、0.7%、2% 和 3.6%;倾向监测线 L2-D Line2 上 B_1—B_5 的 5 点瓦斯浓度在无浮力条件下分别为 0、0.3%、0.6%、0.95% 和 1.3%,在有浮力条件下分别为 0、1.1%、0.7%、1.1% 和 2%。当瓦斯运移到裂隙带时,有浮力条件下积聚的瓦斯浓度有所降低,但瓦斯积聚现象仍较为明显,无浮力条件下的瓦斯浓度仍呈单调递增趋势。第三层

($z=20$ cm)走向监测线 L3-S Line2 上 A_2—E_2 的 5 点瓦斯浓度在无浮力条件下分别为 0、0.28%、0.5%、0.9% 和 2.1%,在有浮力条件下分别为 0、0.4%、0.9%、1.4% 和 2%;倾向监测线 L3-D Line2 上 B_1—B_5 的 5 点瓦斯浓度在无浮力条件下分别为 0、0.28%、0.37%、0.54% 和 0.82%,在有浮力条件下分别为 0、0.4%、0.7%、0.9% 和 1.2%。从图 5-2 中有浮力和无浮力条件下采空区煤自燃点中线瓦斯浓度分布曲线对比结果可知,有浮力条件下的瓦斯浓度分布曲线在煤自燃点位置存在较为明显的跳跃现象,而无浮力条件下瓦斯浓度逐渐升高,并未出现瓦斯浓度跳跃现象。

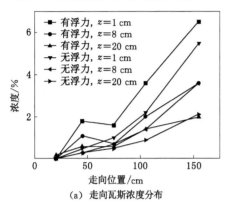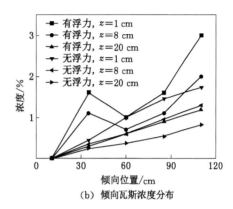

(a) 走向瓦斯浓度分布　　　　　　(b) 倾向瓦斯浓度分布

图 5-2　进风侧煤自燃有无浮力条件下 L-S Line2 和 L-D Line2 测线瓦斯浓度分布曲线

采空区进风侧煤自燃环境有无浮力条件下的气体密度分布结果如图 5-3 所示。由图可知,有浮力和无浮力条件下的采空区气体密度分布的整体趋势并未发生明显变化,气体密度在煤自燃高温点位置降低,其他区域仍然为室温下气体密度值。在煤自燃点迎风侧位置,无浮力条件下的煤自燃点位置气体密度降低区域与有浮力条件下气体密度降低区域相似,均存在收缩现象。

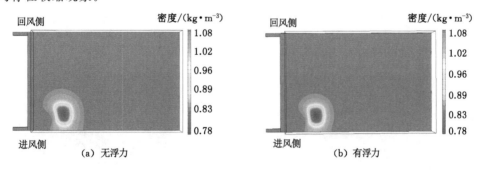

(a) 无浮力　　　　　　　　　(b) 有浮力

图 5-3　进风侧煤自燃有无浮力条件下采空区气体密度分布

由图 5-4 可知,采空区第一层($z=1$ cm)走向监测线 L1-S Line2 上 A_2—E_2 的 5 点气体密度在无浮力条件下分别为 1.06 kg/m³、0.78 kg/m³、1.08 kg/m³、1.08 kg/m³ 和 1.08 kg/m³,在有浮力条件下分别为 1.04 kg/m³、0.78 kg/m³、1.08 kg/m³、1.08 kg/m³ 和 1.08 kg/m³,两条件下的气体密度变化无明显差别。第二层($z=8$ cm)走向监测线 L2-S Line2 上 A_2—E_2 的 5 点气体密度在无浮力条件下分别为 1.05 kg/m³、0.92 kg/m³、1.08 kg/m³、1.08 kg/m³ 和 1.08 kg/m³,在有浮力条件下分别为 1.02 kg/m³、0.85 kg/m³、1.08 kg/m³、1.08 kg/m³

和 1.08 kg/m³,有浮力条件下的气体密度降低幅度比无浮力条件下增大 6.5%。第三层($z=20$ cm)走向监测线 L3-S Line2 上 A_2—E_2 的 5 点气体密度在无浮力条件下分别为 1.07 kg/m³、1.07 kg/m³、1.08 kg/m³、1.08 kg/m³ 和 1.08 kg/m³,在有浮力条件下分别为 1.06 kg/m³、1.025 kg/m³、1.08 kg/m³、1.08 kg/m³ 和 1.08 kg/m³,有浮力条件下的气体密度降低幅度比无浮力条件下增大 4.2%。在图 5-4 中,对比有浮力和无浮力条件下采空区煤自燃点走向中线气体密度曲线($z=1$ cm)可以看到,有浮力条件下的气体密度曲线在迎风侧的变化范围小、速率快,接近煤自燃点位置才迅速降低,气体密度梯度更大;无浮力条件下的气体密度曲线在迎风侧的变化速率则相对较慢。

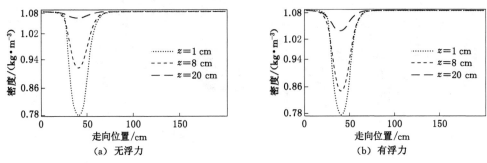

图 5-4　进风侧煤自燃有无浮力条件下 L-S Line2 测线气体密度分布曲线

　　两条件下采空区气体密度变化差异与浮力对气体运动的影响有关。有浮力条件下,煤自燃点形成上升气流和负压区域,负压区域对周围气流产生卷吸作用,且迎风侧的卷吸作用更明显。负压卷吸气流使煤自燃点迎风侧的温度耗散加大,造成煤自燃点迎风侧温度升幅小和密度降幅小的变化现象。另外,煤自燃点的上升气流经高温加热后,更多的热量向煤自燃点上方转移,从而导致煤自燃点上方温度降低速度减慢,增大了热浮力作用在竖直方向的影响范围。当不存在气体浮力时,煤自燃点虽然能够降低空气密度,但不会产生上升气流和负压作用;煤自燃点底部不存在负压卷吸气流,上升气流现象也大大削弱。综上,有浮力条件下煤自燃点迎风侧的高温范围缩小,在竖直方向增大,由此带来的空气密度降低现象在迎风侧也相应减小,在竖直方向增大,其对应关系如图 5-5 所示。

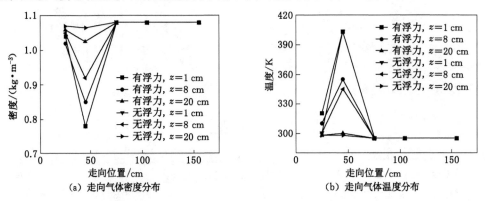

图 5-5　进风侧煤自燃有无浮力条件下 L-S Line2 测线气体密度及温度分布曲线

　　采空区进风侧煤自燃高温环境有无浮力条件下的压力分布结果如图 5-6 所示。由图可知,有无浮力条件下的采空区压力分布的整体趋势并未发生明显变化,水平面上的压力梯度力的方向依然基本与漏风风流路线正交;但在底层煤自燃点位置,无浮力条件下的煤自燃点位置并未形成负压区域,而有浮力条件煤自燃点出现了明显的负压区域。由图 5-7 可知,采空区第一层($z=1$ cm)走向监测线 L1-S Line2 上 A_2—E_2 的 5 点气体压力在无浮力条件下分别为 0.84 Pa、0.83 Pa、0.817 Pa、0.81 Pa 和 0.807 Pa,在有浮力条件下分别为 1.082 Pa、1.018 Pa、1.068 Pa、1.077 Pa 和 1.076 Pa,无浮力条件下的漏风风流因煤自燃点孔隙率降低在煤自燃点进风侧形成局部正压,而有浮力条件下的热浮力效应则在煤自燃点位置形成局部负压。第二层($z=8$ cm)走向监测线 L2-S Line2 上 A_2—E_2 的 5 点气体压力在无浮力条件下分别为 0.828 Pa、0.828 Pa、0.815 Pa、0.81 Pa 和 0.806 Pa,在有浮力条件下分别为 10.502 Pa、0.518 Pa、0.493 Pa、0.492 Pa 和 0.491 Pa。第三层($z=20$ cm)走向监测线 L3-S Line2 上 A_2—E_2 的 5 点气体压力在无浮力条件下分别为 -0.818 Pa、-0.819 Pa、-0.813 Pa、-0.808 Pa 和 -0.807 Pa,在有浮力条件下分别为 -0.77 Pa、-0.745 Pa、-0.78 Pa、-0.782 Pa 和 -0.785 Pa。

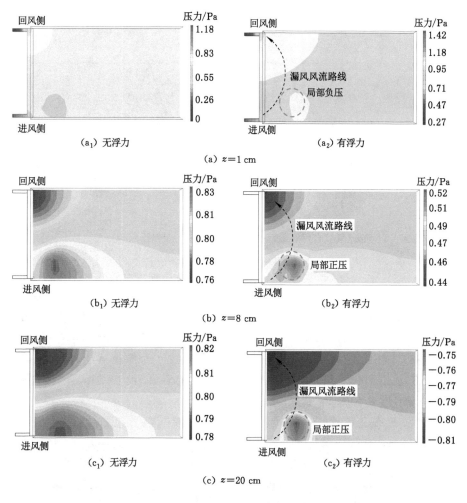

图 5-6　进风侧煤自燃有无浮力条件下采空区压力分布

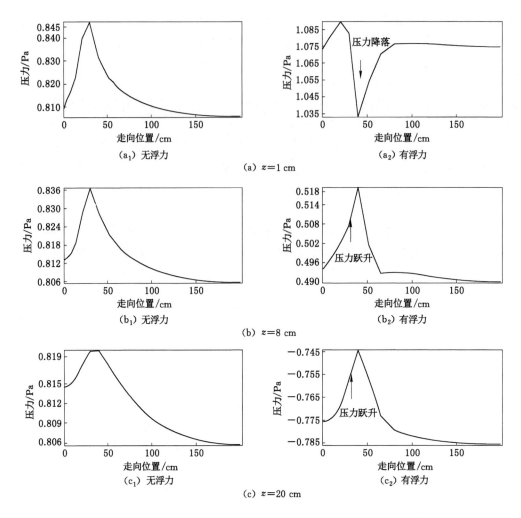

图 5-7　进风侧煤自燃有无浮力条件下 L-S Line2 测线压力分布曲线

由图 5-7 对比有无浮力条件下采空区煤自燃点走向中线气体压力曲线可知,无浮力条件下漏风风流受采空区孔隙率以及煤自燃点孔隙率的降低影响,在工作面后方约 25 cm 处因流动阻力形成压力增高区,因流动阻力逐渐增大,此处的压力增高值较小;这与有浮力条件下煤自燃点形成的负压区域形成鲜明对比,有浮力条件下煤自燃点形成的负压差值较大。由于流动阻力作用,无浮力条件下煤自燃点上方产生了小幅度增压现象;有浮力条件下煤自燃点上方的正压由热浮力效应中的上升气流产生,压差较大。经计算,煤自燃点浮力在第一层($z=1$ cm)形成 0.06 Pa 负压,在第二层($z=8$ cm)和第三层($z=20$ cm)分别形成约 0.025 Pa 和 0.026 5 Pa 正压;煤自燃点无浮力条件下在第一层($z=1$ cm)形成 0.001 5 Pa 正压,在第二层($z=8$ cm)和第三层($z=20$ cm)分别形成约 0.006 5 Pa 和 0.003 5 Pa 正压。

采空区进风侧煤自燃高温环境有无浮力条件下的风流运动情况如图 5-8 所示。由图可知,有浮力和无浮力条件下的风流运动整体上以漏风风流运动为主,漏风风流起始于采空区进风侧,经弧线流经采空区,最终在采空区回风侧流回回风巷道。但在煤自燃点位置,风流运动现象存在明显区别。无浮力条件下的煤自燃点位置风流呈外向辐射状流向采空区回风侧,有浮力条件下的煤自燃点位置风流运动出现了明显的上升气流和涡流现象,该区域对应着瓦斯积聚位置。

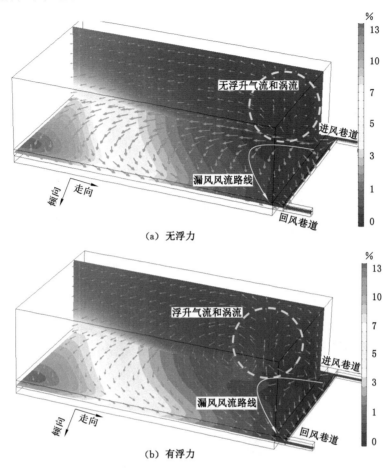

图 5-8　进风侧煤自燃有无浮力条件下采空区风流分布

　　由图 5-9 可知,无浮力条件下,煤自燃点对应位置的风流速度竖直分量分别达到 0.001 5 m/s(z=1 cm)、0.008 5 m/s(z=8 cm)和 0.002 m/s(z=20 cm);煤自燃点迎风侧和背风侧的风速竖直分量均为正值,即无明显的风流下降运动。有浮力条件下,煤自燃点对应位置的风流速度竖直分量分别达到 0.03 m/s(z=1 cm)、0.035 m/s(z=8 cm)和 0.018 m/s(z=20 cm);底层煤自燃点迎风侧和背风侧的风速竖直分量分别为 −0.001 m/s 和 −0.002 m/s,风速竖直分量负值代表涡流中的气流下降运动。无浮力条件下,采空区煤自燃点虽然降低了空气密度,但未产生气体浮力,此时采空区中影响风流运动的主要因素为流动阻力和通风动力,漏风风流运动成为采空区气体的主要运动,只有在采空区与回风巷道连接处附近风流才出现下降运动。有浮力条件下,采空区煤自燃点通过降低空气密度产生浮力作用,形成上升气流运动,煤自燃点内外气体温度的变化导致浮力作用的变化,最终形成煤自燃点内上升气流现象和煤自燃点周围的涡流现象。

5.1.2　采空区回风侧煤自燃条件数值模拟结果对比

　　采空区回风侧煤自燃环境有无浮力条件下的瓦斯浓度分布结果如图 5-10 所示。由图

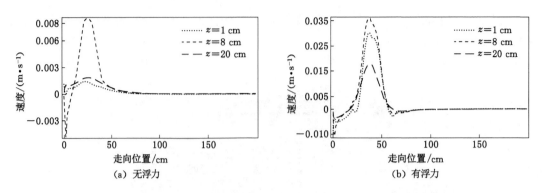

图 5-9　进风侧煤自燃有无浮力条件下 L-S Line2 测线风流速度竖直分量分布曲线

可知,有无浮力条件下的采空区瓦斯浓度分布最大区别在于,有浮力条件下煤自燃点位置出现了明显的瓦斯积聚和瓦斯浓度升高现象;相同点在于,有无浮力条件下的瓦斯浓度在走向和倾向上总体均呈平稳递增趋势,且瓦斯浓度数值相近。

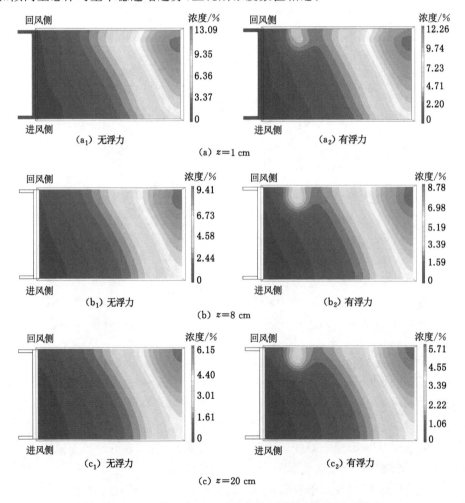

图 5-10　回风侧煤自燃有无浮力条件下采空区瓦斯浓度分布

由图 5-11 可知,采空区第一层($z=1$ cm)走向监测线 L1-S Line5 上 A_5—E_5 的 5 点瓦斯浓度在无浮力条件下分别为 0.8%、1.5%、3%、5% 和 9.5%,在有浮力条件下分别为 1%、4.1%、2.9%、4.7% 和 9.1%;倾向监测线 L1-D Line2 上 B_1—B_5 的 5 点瓦斯浓度在无浮力条件下分别为 0.45%、0.75%、1.08%、1.35% 和 1.5%,在有浮力条件下分别为 0.3%、0.3%、1%、3.2% 和 4.1%;在走向和倾向上,有浮力条件下的瓦斯浓度在煤自燃点位置均出现了跃升,无浮力条件下的瓦斯浓度呈单调平缓递增趋势。第二层($z=8$ cm)走向监测线 L1-S Line5 上 A_5—E_5 的 5 点瓦斯浓度在无浮力条件下分别为 0.5%、1.3%、2%、3.4% 和 6.7%,在有浮力条件下分别为 0.5%、3.8%、2%、3.3% 和 7%;倾向监测线 L2-D Line2 上 B_1—B_5 的 5 点瓦斯浓度在无浮力条件下分别为 0.3%、0.45%、0.65%、0.85% 和 1.3%,在有浮力条件下分别为 0.2%、0.2%、0.2%、2.9% 和 3.8%;瓦斯运移到裂隙带时,有浮力条件下积聚的瓦斯浓度有所降低,但积聚现象仍较为明显,无浮力条件下的瓦斯浓度仍呈单调平缓递增趋势。第三层($z=20$ cm)走向监测线 L1-S Line5 上 A_5—E_5 的 5 点瓦斯浓度在无浮力条件下分别为 0.3%、0.8%、1.2%、2% 和 4.3%,在有浮力条件下分别为 0.5%、2.2%、1.3%、2.2% 和 4.2%;倾向监测线 L3-D Line2 上 B_1—B_5 的 5 点瓦斯浓度在无浮力条件下分别为 0.18%、0.25%、0.34%、0.47% 和 0.8%,在有浮力条件下分别为 0.18%、0.18%、0.18%、1% 和 2.2%。从图 5-11 中有浮力和无浮力条件下采空区煤自燃点中线瓦斯浓度分布曲线对比结果可知,有浮力条件下的瓦斯浓度曲线在煤自燃点位置存在跃升现象,无浮力条件下瓦斯浓度逐渐升高,并未出现局部瓦斯浓度跳跃现象。

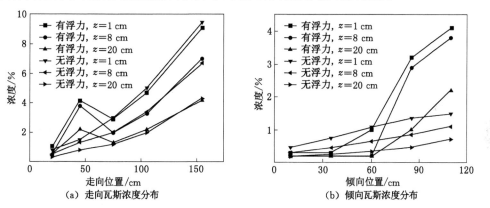

图 5-11　回风侧煤自燃有无浮力条件下 L-S Line5 和 L-D Line2 测线瓦斯浓度分布曲线

采空区回风侧煤自燃环境有无浮力条件下的气体密度分布结果如图 5-12 所示。由图可知,有无浮力条件下采空区气体密度分布的整体趋势并未发生明显变化,气体密度只在煤自燃高温点位置发生了降低现象,其他区域仍然为室温气体密度值。由图 5-13 可知,采空区第一层($z=1$ cm)走向监测线 L1-S Line5 上 A_5—E_5 的 5 点气体密度在无浮力条件下分别为 0.98 kg/m³、0.78 kg/m³、1.08 kg/m³、1.08 kg/m³ 和 1.08 kg/m³,在有浮力条件下分别为 0.98 kg/m³、0.78 kg/m³、1.08 kg/m³、1.08 kg/m³ 和 1.08 kg/m³,两条件下的气体密度变化无明显差别。第二层($z=8$ cm)走向监测线 L2-S Line5 上 A_5—E_5 的 5 点气体密度在无浮力条件下分别为 1.02 kg/m³、0.92 kg/m³、1.08 kg/m³、1.08 kg/m³ 和 1.08 kg/m³,在有浮力条件下分别为 1.02 kg/m³、0.9 kg/m³、1.08 kg/m³、1.08 kg/m³ 和 1.08 kg/m³,有浮力条件下的气体密度降低幅度比无浮力条件下增大 1.9％。第三层(z=20 cm)走向监测线 L3-S Line5 上 A_5—E_5 的 5 点气体密度在无浮力条件下分别为 1.08 kg/m^3、1.07 kg/m^3、1.08 kg/m^3、1.08 kg/m^3 和 1.08 kg/m^3，在有浮力条件下分别为 1.08 kg/m^3、1.06 kg/m^3、1.08 kg/m^3、1.08 kg/m^3 和 1.08 kg/m^3。有无浮力条件下采空区回风侧煤自燃点气体密度仅在竖直方向上存在较小差别，有浮力条件下的气体密度略低于无浮力条件下的气体密度，两条件下的气体密度分布形态较为稳定且相近。

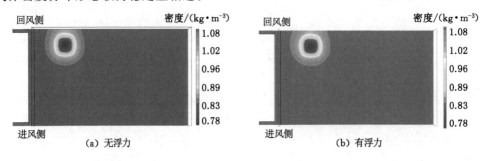

图 5-12　回风侧煤自燃有无浮力条件下采空区气体密度分布

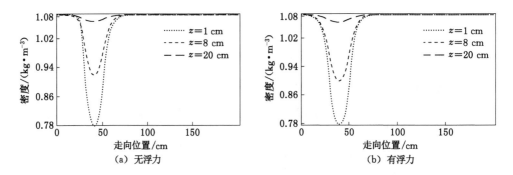

图 5-13　回风侧煤自燃有无浮力条件下 L-S Line5 测线气体密度分布曲线

　　有浮力条件下，煤自燃点的上升气流经加热后，将更多热量向煤自燃点上方转移，使煤自燃点上方温度降低速度减慢，煤自燃点影响距离更远。由于煤自燃点位于采空区回风侧，有限的漏风风流不能提供大量的空气补给浮力效应产生的上升气流，热气流流量及转移的热量有限。同时，采空区回风侧漏风风流因能量的不断消耗并不能对煤自燃点上升气流产生明显扰动作用。因此，有无浮力条件下煤自燃点对空气密度的影响在竖直方向上并未产生明显的差别，其分布情况如图 5-14 所示。

　　采空区回风侧煤自燃环境有无浮力条件下的压力分布结果如图 5-15 所示。由图可知，有浮力和无浮力条件下的采空区压力分布整体趋势一致，在水平面上压力梯度力的方向依然与漏风风流路线正交；不同之处在于，有浮力条件下煤自燃点位置在底层形成负压区域，在煤自燃点上方形成正压区域，无浮力条件下煤自燃点位置并未形成特殊的压力分布区域。

　　由图 5-16 可知，采空区第一层(z=1 cm)走向监测线 L1-S Line4 上 A_4—E_4 的 5 点气体压力在无浮力条件下分别为 1.203 Pa、1.233 Pa、1.245 Pa、1.257 Pa 和 1.266 Pa，在有浮力条件下分别为 1.63 Pa、1.608 Pa、1.69 Pa、1.71 Pa 和 1.72 Pa。有浮力条件下煤自燃位置压力数值出现突降，形成了 0.06 Pa 局部负压；无浮力条件下的压力则平稳单调上升。第

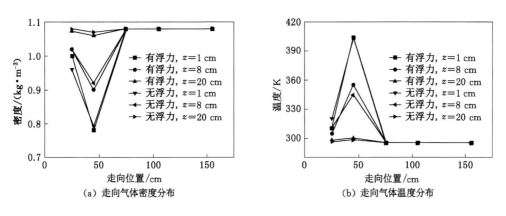

图 5-14　回风侧煤自燃有无浮力条件下 L-S Line5 测线气体密度和温度分布曲线

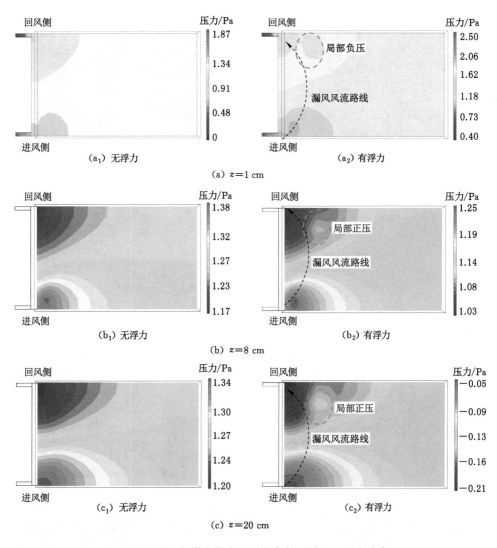

图 5-15　回风侧煤自燃有无浮力条件下采空区压力分布

二层($z=8$ cm)走向监测线 L2-S Line4 上 A_4—E_4 的 5 点气体压力在无浮力条件下分别为 1.207 Pa、1.235 Pa、1.245 Pa、1.257 Pa 和 1.267 Pa，在有浮力条件下分别为 1.065 Pa、1.107 Pa、1.098 Pa、1.12 Pa 和 1.135 Pa。有浮力条件下煤自燃位置压力数值出现跃升，形成了 0.025 Pa 局部正压；无浮力条件下的压力仍平稳单调上升。第三层($z=20$ cm)走向监测线 L3-S Line4 上 A_4—E_4 的 5 点气体压力在无浮力条件下分别为 1.215 Pa、1.235 Pa、1.247 Pa、1.257 Pa 和 1.267 Pa，在有浮力条件下分别为 -0.187 Pa、-0.148 Pa、-0.162 Pa、-0.15 Pa 和 -0.14 Pa。如图 5-16 所示，从采空区回风侧煤自燃点走向中线上压力分布曲线对比结果可观察到浮力产生的压力分布差别。

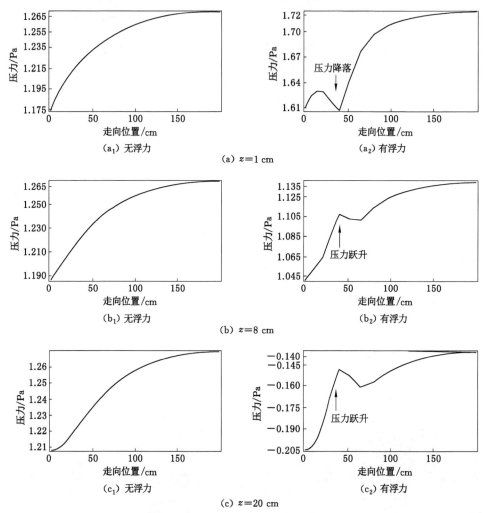

图 5-16　回风侧煤自燃有无浮力条件下 L-S Line4 测线压力分布曲线

　　采空区回风侧煤自燃环境有无浮力条件下的风流运动情况如图 5-17 所示。由图可知，有浮力和无浮力条件下的风流运动大体上以漏风风流运动为主，漏风风流起始于采空区进风侧，沿弧线流经采空区，最终在采空区回风侧流回回风巷道，但是煤自燃点位置的局部风流运动存在明显差别。无浮力条件下的煤自燃点位置风流运动呈内向辐射状流向采空区与回风巷道连接处；有浮力条件下煤自燃点位置风流运动出现了明显的上升气流和涡流现象，该区域是产生瓦斯积聚的位置。

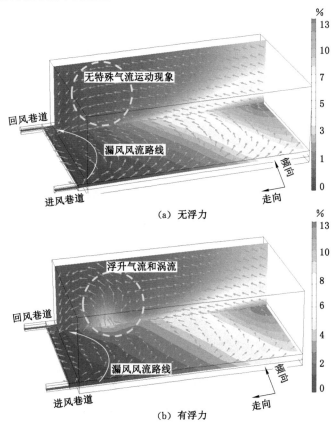

图 5-17　回风侧煤自燃有无浮力条件下采空区风流分布

由图 5-18 可知，无浮力条件下，煤自燃点对应位置风流速度竖直分量分别达到 $-0.000\ 5\ \text{m/s}(z=1\ \text{cm})$、$-0.000\ 7\ \text{m/s}(z=8\ \text{cm})$ 和 $-0.000\ 8\ \text{m/s}(z=20\ \text{cm})$；煤自燃点迎风侧和背风侧风速竖直分量均为负值，即风流下降运动。有浮力条件下，煤自燃点对应位置风流速度竖直分量分别达到 $0.013\ \text{m/s}(z=1\ \text{cm})$、$0.008\ \text{m/s}(z=8\ \text{cm})$ 和 $0.002\ 2\ \text{m/s}$ $(z=20\ \text{cm})$，即风流上升运动，底层煤自燃点迎风侧和背风侧的风速竖直分量分别为 $-0.000\ 5\ \text{m/s}$ 和 $-0.001\ \text{m/s}$，风速竖直分量负值表示涡流中的气流下降运动。无浮力条件下，采空区煤自燃点虽然降低了空气密度，但未产生气体浮力，采空区中的风流运动以漏风风流运动为主，漏风风流在采空区回风侧流向低位回风巷道，因此回风侧的风流为明显的下降运动；有浮力条件下，采空区煤自燃点通过降低空气密度产生浮力，形成煤自燃点上升气流运动和周围的涡流运动，这与煤自燃点影响以外的漏风风流运动产生明显差别。

综上，无论煤自燃发生在采空区进风侧还是采空区回风侧，有浮力和无浮力条件下煤自燃点附近的瓦斯浓度分布存在明显差异，有浮力条件下煤自燃点将形成瓦斯积聚和瓦斯浓度跃升现象，无浮力条件下煤自燃点不会产生瓦斯积聚现象。煤自燃点瓦斯积聚现象产生的原因在于风流运动的变化，煤自燃点气体密度受高温影响变小，产生气体浮力；煤自燃点浮力效应在采空区多孔介质中发展成为烟囱效应，煤自燃点底部形成负压区域，不断抽

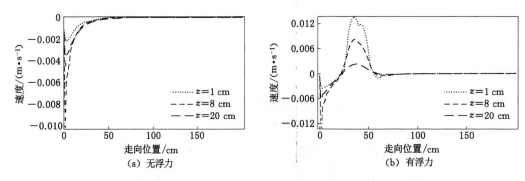

图 5-18　回风侧煤自燃有无浮力条件下 L-S Line5 测线风流速度竖直分量分布曲线

吸周围气体(瓦斯浓度较高)进入煤自燃点,气体经加热后形成上升气流和涡流,最终形成煤自燃点位置的瓦斯积聚现象。有浮力条件下的数值模拟结果能够较好地解释实验模拟结果,无浮力条件下的数值模拟结果与实验模拟结果并不相符。因此,采空区煤自燃相关灾害研究中,应当考虑气体密度随温度变化的情况及其产生的热浮力效应。

5.2　采空区煤自燃环境气体流动模型敏感性分析

实验模拟中,基于高温下实验平台搭建材料的安全性和稳定性考虑以及煤自燃指标性气体产生温度,将煤自燃点温度通过加热模块设置为 404 K(130 ℃)左右。实际煤自燃是一个持续升温的过程,煤自燃温度在 403 K(130 ℃)左右时会出现乙烯标志气体;煤自燃温度达到 473 K(200 ℃)左右时出现乙炔标志气体;当达到煤的着火温度 700 K(427 ℃)左右时就发展成为煤自燃现象;瓦斯的点燃温度一般高于 900 K(625 ℃)。实际工程现场一般通过束管监测系统和这两种标志气体判断采空区煤自燃状态并采取灾害防治措施。若未能及时发现并治理采空区煤自燃灾害隐患,煤自燃形成后能够达到瓦斯点燃温度以上。为研究采空区煤自燃环境气体流动模型的温度敏感性,本书选择 400 K(127 ℃)、500 K(227 ℃)、700 K(427 ℃)和 1 000 K(727 ℃)四个温度分析煤自燃点不同高温下采空区进风侧和采空区回风侧的瓦斯积聚变化情况。

不同煤自燃温度条件下,煤自燃点走向中线瓦斯浓度分布曲线如图 5-19 所示。当采空区进风侧煤自燃点温度为 400 K 时,第一层($z=1$ cm)走向监测线 L1-S Line2 上 A_2—E_2 的 5 点瓦斯浓度分别为 0、1.8%、1.6%、2.5% 和 6.2%。当采空区进风侧煤自燃点温度为 500 K 时,第一层($z=1$ cm)走向监测线 L1-S Line2 上 A_2—E_2 的 5 点瓦斯浓度分别为 0、2.4%、2.1%、2.8% 和 6.3%。当采空区进风侧煤自燃点温度为 700 K 时,第一层($z=1$ cm)走向监测线 L1-S Line2 上 A_2—E_2 的 5 点瓦斯浓度分别为 0、3.4%、3%、3.7% 和 6.5%。当采空区进风侧煤自燃点温度为 1 000 K 时,第一层($z=1$ cm)走向监测线 L1-S Line2 上 A_2—E_2 的 5 点瓦斯浓度分别为 0、4.2%、4%、4.4% 和 7.3%。煤自燃点积聚的瓦斯浓度从 400 K 时的 1.8% 升高到 1 000 K 时的 4.2%,如图 5-20(a)所示。煤自燃点温度升高时,煤自燃点迎风侧瓦斯浓度基本不变,背风侧瓦斯浓度随温度升高而增大;采空区进风侧煤自燃点温度越高,产生的瓦斯浓度跃升现象越明显。采空区进风侧煤自燃环境下底层瓦斯浓度分布变化情况如图 5-21 所示。

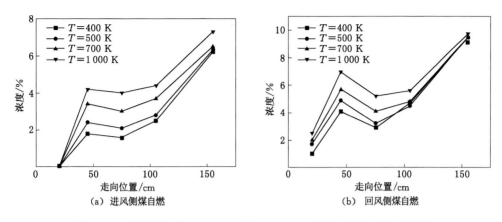

（a）进风侧煤自燃　　　　　　　　（b）回风侧煤自燃

图 5-19　不同温度下 L1-S Line2 和 L1-S Line5 测线瓦斯浓度分布曲线

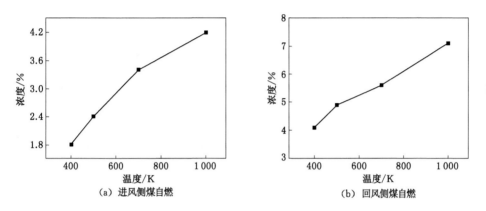

（a）进风侧煤自燃　　　　　　　　（b）回风侧煤自燃

图 5-20　煤自燃点瓦斯浓度变化

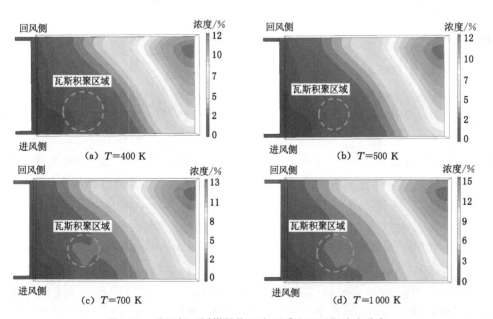

图 5-21　进风侧不同煤燃烧温度下采空区瓦斯浓度分布

由图 5-19(b)可知,采空区回风侧煤自燃温度为 400 K 时,第一层($z=1$ cm)走向监测线 L1-S Line5 上 A_5—E_5 的 5 点瓦斯浓度分别为 1%、4.1%、2.9%、4.7%和 9.1%。采空区回风侧煤自燃温度为 500 K 时,第一层($z=1$ cm)监测线 L1-S Line5 上 A_5—E_5 的 5 点瓦斯浓度分别为 1.7%、4.9%、3.2%、4.5%和 9.5%。采空区回风侧煤自燃温度为 700 K 时,第一层($z=1$ cm)监测线 L1-S Line5 上 A_5—E_5 的 5 点瓦斯浓度分别为 2%、5.7%、4.1%、4.8%和 9.5%。采空区回风侧煤自燃温度为 1 000 K 时,第一层($z=1$ cm)走向监测线 L1-S Line5 上 A_5—E_5 的 5 点瓦斯浓度分别为 2.5%、7%、5.2%、5.6%和 9.7%。煤自燃点瓦斯浓度从 400 K 的 4.1%升高到 1 000 K 的 7%,如图 5-20(b)所示。煤自燃温度升高时,煤自燃点迎风侧和背风侧瓦斯浓度均有所升高;回风侧煤自燃点温度越高,积聚的瓦斯浓度跃升越明显。采空区回风侧煤自燃环境下底层瓦斯浓度分布如图 5-22 所示。

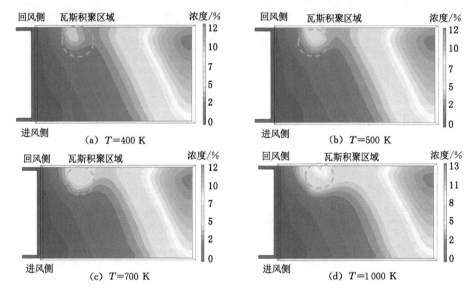

图 5-22　回风侧不同煤燃烧温度下采空区瓦斯浓度分布

不同煤自燃温度条件下,煤自燃点走向中线气体密度分布曲线如图 5-23(a)所示。当采空区进风侧煤自燃点温度为 400 K 时,第一层($z=1$ cm)走向监测线 L1-S Line2 上 A_2—E_2 的 5 点气体密度分别为 1.06 kg/m³、0.78 kg/m³、1.08 kg/m³、1.08 kg/m³ 和 1.08 kg/m³。当采空区进风侧煤自燃点温度为 500 K 时,第一层($z=1$ cm)走向监测线 L1-S Line2 上 A_2—E_2 的 5 点气体密度分别为 1.05 kg/m³、0.63 kg/m³、1.08 kg/m³、1.08 kg/m³ 和 1.08 kg/m³。当采空区进风侧煤自燃点温度为 700 K 时,第一层($z=1$ cm)走向监测线 L1-S Line2 上 A_2—E_2 的 5 点气体密度分别为 1.03 kg/m³、0.45 kg/m³、1.08 kg/m³、1.08 kg/m³ 和 1.08 kg/m³。当采空区进风侧煤自燃点温度为 1 000 K 时,第一层($z=1$ cm)走向监测线 L1-S Line2 上 A_2—E_2 的 5 点气体密度分别为 0.99 kg/m³、0.3 kg/m³、1.08 kg/m³、1.08 kg/m³ 和 1.08 kg/m³。煤自燃点气体密度从 400 K 时的 0.78 kg/m³ 降至 1 000 K 时的 0.3 kg/m³,如图 5-24(a)所示,对应的气体重力变化情况如图 5-24(b)所示。随着煤自燃点温度的升高,煤自燃点迎风侧气体密度降低区域收缩现象逐渐减弱,采空区进风侧煤自燃环境下底层气体密度分布变化情况如图 5-25 所示。

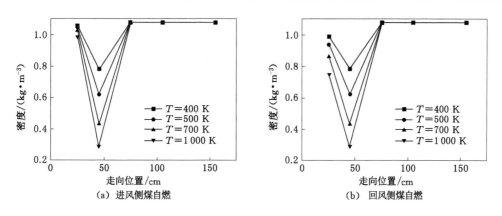

（a）进风侧煤自燃

（b）回风侧煤自燃

图 5-23 不同温度下 L1-S Line2 和 L1-S Line5 测线气体密度分布曲线

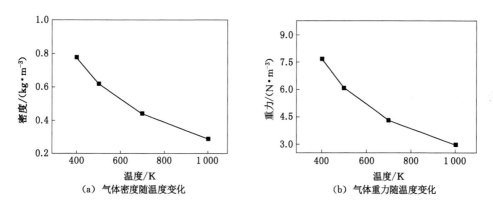

（a）气体密度随温度变化

（b）气体重力随温度变化

图 5-24 煤自燃点气体密度和重力变化

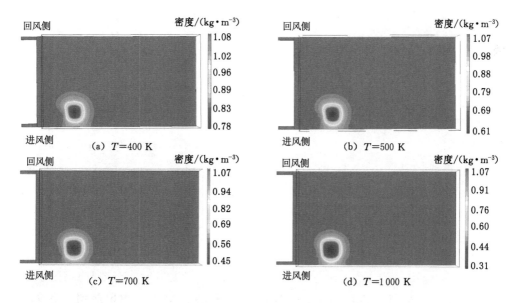

（a）$T=400$ K

（b）$T=500$ K

（c）$T=700$ K

（d）$T=1\,000$ K

图 5-25 进风侧不同煤燃烧温度下采空区气体密度分布

由图 5-23(b)可知,当采空区回风侧煤自燃点温度为 400 K 时,第一层($z=1$ cm)走向监测线 L1-S Line5 上 $A_5—E_5$ 的 5 点气体密度分别为 0.99 kg/m³、0.78 kg/m³、1.08 kg/m³、1.08 kg/m³ 和 1.08 kg/m³。当采空区回风侧煤自燃点温度为 500 K 时,第一层($z=1$ cm)走向监测线 L1-S Line5 上 $A_5—E_5$ 的 5 点气体密度分别为 0.94 kg/m³、0.63 kg/m³、1.08 kg/m³、1.08 kg/m³ 和 1.08 kg/m³。当采空区回风侧煤自燃点温度为 700 K 时,第一层($z=1$ cm)走向监测线 L1-S Line5 上 $A_5—E_5$ 的 5 点气体密度分别为 0.86 kg/m³、0.45 kg/m³、1.08 kg/m³、1.08 kg/m³ 和 1.08 kg/m³。当采空区回风侧煤自燃点温度为 1 000 K 时,第一层($z=1$ cm)走向监测线 L1-S Line5 上 $A_5—E_5$ 的 5 点气体密度分别为 0.75 kg/m³、0.3 kg/m³、1.08 kg/m³、1.08 kg/m³ 和 1.08 kg/m³。煤自燃点气体密度从 400 K 时的 0.78 kg/m³ 降至 1 000 K 时的 0.3 kg/m³,如图 5-24(a)所示,对应的气体重力变化情况如图 5-24(b)所示。采空区回风侧煤自燃环境下底层气体密度分布如图 5-26 所示。

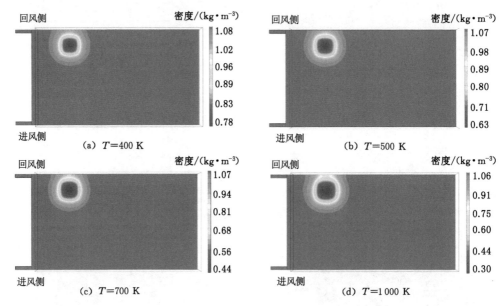

图 5-26　回风侧不同煤燃烧温度下采空区气体密度分布

当采空区进风侧煤自燃点温度分别为 400 K、500 K、700 K 和 1 000 K 时,采空区进风侧煤自燃环境下底层气体压力分布情况如图 5-27 所示。煤自燃点温度为 400 K 时,第一层($z=1$ cm)走向监测线 L1-S Line2 上 $A_2—E_2$ 的 5 点压力分别为 1.082 Pa、1.018 Pa、1.068 Pa、1.077 Pa 和 1.076 Pa。煤自燃点温度为 500 K 时,第一层($z=1$ cm)走向监测线 L1-S Line2 上 $A_2—E_2$ 的 5 点压力分别为 1.07 Pa、0.975 Pa、1.06 Pa、1.078 Pa 和 1.078 Pa。煤自燃点温度为 700 K 时,第一层($z=1$ cm)走向监测线 L1-S Line2 上 $A_2—E_2$ 的 5 点压力分别为 1.028 Pa、0.88 Pa、1.04 Pa、1.08 Pa 和 1.084 Pa。煤自燃点温度为 1 000 K 时,第一层($z=1$ cm)走向监测线 L1-S Line2 上 $A_2—E_2$ 的 5 点压力分别为 1.01 Pa、0.81 Pa、1.02 Pa、1.08 Pa 和 1.09 Pa。煤自燃点的压力值相对周围较低,如图 5-28(a)所示;煤自燃点产生的负压值由 400 K 时的 0.05 Pa 增大到 1 000 K 时的 0.205 Pa,如图 5-29(a)所示。

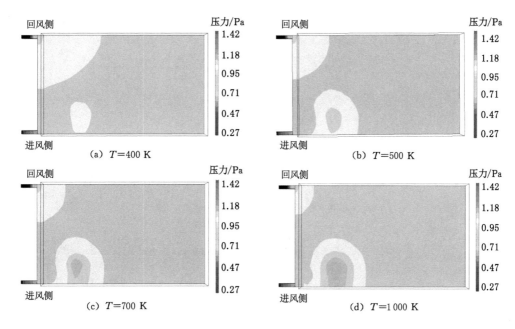

图 5-27　进风侧不同煤燃烧温度下采空区压力分布

当采空区回风侧煤自燃点温度分别为 400 K、500 K、700 K 和 1 000 K 时,采空区回风侧煤自燃环境下底层气体压力分布情况如图 5-30 所示。煤自燃点温度为 400 K 时,第一层($z=1$ cm)走向监测线 L1-S Line4 上 A_4—E_4 的 5 点压力分别为 1.63 Pa、1.608 Pa、1.685 Pa、1.707 Pa 和 1.72 Pa。煤自燃点温度为 500 K 时,第一层($z=1$ cm)走向监测线 L1-S Line4 上 A_4—E_4 的 5 点压力分别为 1.618 Pa、1.56 Pa、1.68 Pa、1.71 Pa 和 1.725 Pa。煤自燃点温度为 700 K 时,第一层($z=1$ cm)走向监测线 L1-S Line4 上 A_4—E_4 的 5 点压力分别为 1.59 Pa、1.48 Pa、1.67 Pa、1.718 Pa 和 1.73 Pa。煤自燃点温度为 1 000 K 时,第一层($z=1$ cm)走向监测线 L1-S Line4 上 A_4—E_4 的 5 点压力分别为 1.55 Pa、1.39 Pa、1.65 Pa、1.73 Pa 和 1.75 Pa。煤自燃点的压力值相对周围较低,如图 5-28(b)所示;煤自燃点产生的负压值由 400 K 时的 0.06 Pa 增大到 1 000 K 时的 0.21 Pa,如图 5-29(b)所示。

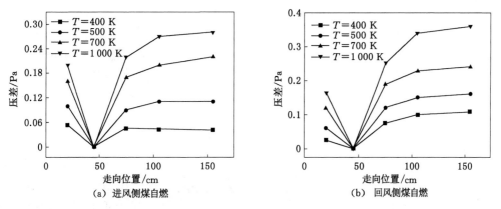

图 5-28　不同煤燃烧温度下 L1-S Line2 和 L1-S Line5 测线压差分布曲线

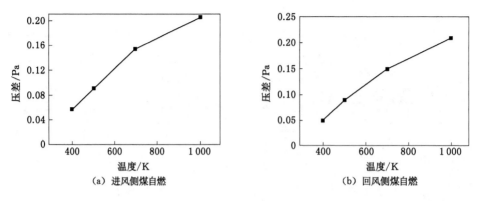

图 5-29　煤自燃点压差变化

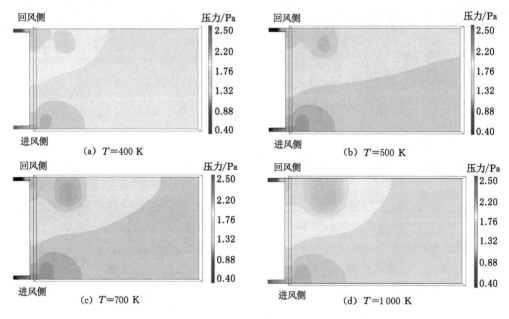

图 5-30　回风侧不同煤燃烧温度下采空区压力分布

综上，采空区煤自燃形成过程将会导致瓦斯积聚现象，煤自燃点温度越高，瓦斯积聚越严重，积聚的瓦斯浓度越高，煤自燃诱发瓦斯爆炸的危险性增大。煤自燃点温度的持续升高，将不断地降低气体密度产生更大的气体浮力，形成更加显著的烟囱效应，表现为煤自燃点负压值的不断增大。当煤自燃出现在采空区进风侧时，不断加强的热浮力效应能够逐渐克服漏风风流的影响，使积聚瓦斯浓度升高；当煤自燃出现在采空区回风侧时，烟囱效应占据的优势将进一步巩固加强，导致煤自燃点积聚瓦斯浓度明显升高。因此，采空区煤自燃点产生的瓦斯积聚现象对煤自燃点温度具有较强的敏感性。

5.3　采空区煤自燃诱发瓦斯爆炸灾害演化过程

通过数值模拟结果对实验模拟结果的验证以及进一步的数值模拟研究分析可知，煤矿采空区发生煤自燃灾害时，煤自燃点将会产生瓦斯积聚现象，从而会增加煤自燃诱发瓦斯爆炸灾害发生的危险性。在采空区煤自燃点瓦斯积聚形成过程中,煤自燃点会产生一系列关联的气体流场变化现象,如气体密度降低和气体浮力的产生,上升气流运动和涡流运动的形成,煤自燃点局部负压和煤自燃点上方局部正压的形成。通过对上述风流运动特征的分析发现,煤自燃点产生的流场特征与烟囱效应的典型特征存在极大相似性。

烟囱效应常见于建筑物设计中(如工业烟囱),它可以加强空气对流,是由空气浮力产生的空气流入和流出建筑物的常见现象。建筑物内外气体温度差是产生空气浮力的重要原因,浮力作用的方向和大小与竖直方向的气体温度梯度相关。建筑物在空间上与外界大气并不完全隔绝,因此烟囱效应将会引起建筑物内外空气的对流流动。若建筑物内气体温度较高,则气体产生上升运动并从顶部流出,同时上升的热气流将会降低建筑物底部空气压力形成负压区域,以抽吸周围的冷空气。若建筑物内气体温度较低,则气体运动方向相反。工业烟囱效应与建筑物中的烟囱效应原理相同,其特点在于烟囱内部的气体温度远高于外部气体温度,且烟囱内部的气体流动阻力较小,产生的烟囱效应更加明显,如图5-31(a)所示。在典型的烟囱效应中,空气在烟囱底部被加热并产生上升运动,热气流在上升路线上形成正压,烟囱底部形成负压区域吸入周围空气。烟囱底部的负压区域、气体卷吸现象、烟囱内的上升气流和正压区域是烟囱效应中典型的流体运动特征。竖直方向气体温差越大,高度差越大,气体浮力就越大,烟囱效应也越明显。

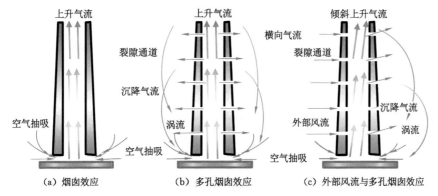

图 5-31 采空区煤自燃点多孔烟囱效应

采空区煤自燃点产生的气体运动现象符合烟囱效应气体运动特征,但是采空区煤自燃点气体运动还有新的特点,本研究称之为采空区"多孔烟囱效应"。与典型的烟囱效应相比,采空区"多孔烟囱效应"除了具有气体卷吸、上升气流、局部正压和局部负压现象外,还具有横向气流运动、沉降气流运动和涡流运动现象,如图5-31(b)所示。采空区"多孔烟囱效应"所产生的新的气体运动现象与采空区的多孔介质特征密切相关。煤矿采空区由大量垮落的岩石填充而成,岩石的碎胀特性形成了采空区孔隙率,并对采空区中的风流运动产生流动阻力。由于采空区复杂的裂隙空隙连通性及其产生的流动阻力,采空区"多孔烟囱效应"中的上升热气流在上升过程中将不可避免地产生水平运动,即横向气流运动。当热气流横向运动至煤自燃点影响范围外时,气体温度降低至室温,气体所受重力增大至正常室温值,浮力作用消失,气体上升运动转变为向下运动,即产生沉降气流。在采空区底部,煤自燃点附近的气体上升运动、横向运动、沉降运动和负压产生的气流抽吸现象共同作用形成了气体涡流运动。采空区中连通的裂隙空隙不仅为"多孔烟囱效应"中热气流向外流动提供了流动通道,同时也为外部漏风风流流入多孔"烟囱"提供了流动途径。采空区漏风风流能量足够大时,能够克服多孔"烟囱"中的外向气流和流动阻力,冲入多孔"烟囱"并对其中的上升热气流运动进行干扰,如图 5-31(c)所示。

综合理论分析、实验模拟研究和数值模拟研究结果,采空区煤自燃点"多孔烟囱效应"能够较好地解释采空区煤自燃诱发瓦斯爆炸灾害的形成机理。采空区煤自燃诱发瓦斯爆炸灾害形成过程包含以下重要现象,即煤自燃点瓦斯卷吸气流、沉降气流、瓦斯浮升气流和采空区漏风风流。采空区煤自燃点"多孔烟囱效应"下瓦斯积聚并被引爆的过程如下:① 采空区发生煤自燃时,煤自燃点气体密度降低,产生气体浮力效应,在采空区多孔环境下,浮力效应进一步发展成为煤自燃点"多孔烟囱效应"。② 煤自燃点"多孔烟囱效应"在煤自燃区域形成局部负压,煤自燃区域周围较高浓度瓦斯在负压作用下被持续地抽吸进入煤自燃区域,导致煤自燃点持续的瓦斯积聚现象。③ 煤自燃点"多孔烟囱效应"在煤自燃区域产生竖直向上的浮力作用,煤自燃区域积聚的瓦斯在浮力作用驱动下向上运动,形成上升的热瓦斯气流,导致煤自燃区域竖直方向上的瓦斯积聚现象。④ 在采空区复杂的裂隙空隙连通环境中,煤自燃点上升热瓦斯气流在上升过程中产生横向运动,当瓦斯横向运动至煤自燃点影响范围外时,气流温度降低至室温,气体浮力作用消失,瓦斯气流在煤自燃影响区域外转变为沉降瓦斯气流。⑤ 沉降瓦斯气流运动至采空区底部煤自燃点附近时,煤自燃点产生的负压作用将瓦斯抽吸进入煤自燃点,重新产生上升气流,导致采空区煤自燃区域的瓦斯积聚现象。⑥ 采空区煤自燃点"多孔烟囱效应"作用过程中,采空区漏风风流通过与"多孔烟囱效应"的竞争在一定程度上影响煤自燃点瓦斯积聚现象。煤自燃发生在采空区进风侧时,较强的漏风风流造成瓦斯积聚位置的漂移;煤自燃发生在采空区回风侧时,"多孔烟囱效应"占主导作用并在煤自燃点形成较强的瓦斯积聚现象。⑦ 采空区漏风风流和煤自燃点"多孔烟囱效应"双重作用下积聚在煤自燃区域的瓦斯被煤自燃高温点燃,形成煤自燃诱发瓦斯爆炸灾害。

6 加强通风对采空区煤自燃引爆瓦斯灾害防治研究

采空区煤自燃诱发瓦斯爆炸灾害是煤自燃升温和瓦斯运移的动态耦合结果。瓦斯爆炸需要一定的点燃温度和气体浓度环境,煤自燃现象和瓦斯积聚现象的早期发现及灾害防治措施的科学实施是避免灾害发生的重要环节。加强通风措施是应对采空区煤自燃诱发瓦斯爆炸灾害的一项经验性措施,该措施的灾害防治效果及灾害防治机理目前尚不够清楚。本章基于揭示的采空区煤自燃诱发瓦斯爆炸灾害形成机理,通过数值模拟对加强通风措施的灾害防治机理和效果进行了研究。煤矿通风系统中,可以通过增大采煤工作面并联风路上的通风阻力(如搭建通风构筑物风窗、风门等)或减小工作面通风路线上的通风阻力(如扩大巷道断面、清除局部阻力物等)来增大工作面风量,但以上措施难以在短期内达到工作面加强通风效果;增大采煤工作面风路风压(如增设局部通风机)也可以达到迅速增大工作面风量的目的。根据《煤矿安全规程》规定和通风系统设计要求,生产矿井的通风机效率一般应高于60%,且必须安装备用通风机,这些为工作面风量的迅速提升创造了有利条件[173]。采空区瓦斯抽采工程研究显示,采空区瓦斯抽采浓度可高达40%以上[47],本章以40%瓦斯浓度为例,基于煤自燃标志性气体产生的特征温度、煤的点燃温度和瓦斯的点燃温度,选择400 K、700 K和900 K为关键温度代表煤自燃灾害早期、中期和后期阶段,研究工作面风速由0.2 m/s加大至1.2 m/s时采空区煤自燃点瓦斯浓度变化情况。

6.1 煤自燃前期加强通风灾害防治效果

6.1.1 采空区进风侧煤自燃点瓦斯积聚防治效果

煤自燃温度达到400 K左右时,会产生标志性气体乙烯,乙烯的出现可作为采取灾害防治措施的灾情信息。为分析采取加强通风措施前后采空区瓦斯浓度分布的变化情况,分别选取40 min、80 min、120 min和160 min四个时刻的瓦斯浓度分布结果进行对比,加强通风措施从第120 min开始实施,采空区瓦斯浓度的动态分布如图6-1所示,图中红色点状区域为采空区温度高于400 K的煤自燃区域。

从图6-1中可以发现,煤自燃温度上升和煤自燃点瓦斯积聚均是随时间变化的动态过程。第40 min时,煤自燃点温度未达到400 K,煤自燃点瓦斯浓度为1%,瓦斯积聚现象并不明显;第80 min时,煤自燃点温度约为385 K,可观察到煤自燃点右上角的瓦斯积聚现象,积聚瓦斯浓度约为2.5%;第120 min时,煤自燃点温度已达到400 K,煤自燃点右上角瓦斯积聚现象进一步巩固,积聚的瓦斯浓度上升至7.5%。此时,温度为400 K的煤自燃区域内,最高瓦斯浓度约为4.4%,位于煤自燃点背风侧;最低瓦斯浓度约为2.4%,位于煤自燃点迎风侧;这两点作为代表测点将进行进一步观察分析。以煤自燃点中心为原点,代表性测点瓦斯浓度变化情况如图6-2所示。由图6-2可知,在第120 min对工作面实施加强通

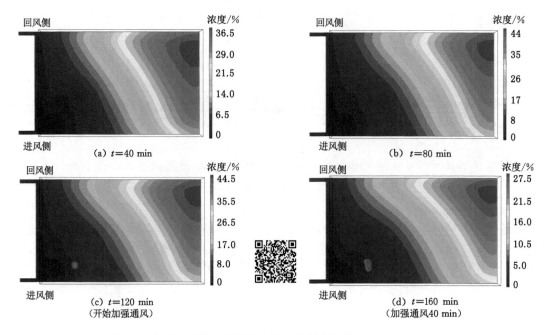

图 6-1　加强通风对进风侧煤自燃点瓦斯积聚的影响（$T=400$ K）

风措施后,煤自燃点积聚的瓦斯浓度迅速降低,代表性测点的瓦斯浓度分别下降为 1.7% 和 1.1%,且此后也稳定地维持在较低数值。第 160 min 时,随着煤自燃点温度继续升高,高温影响范围有所增大,但煤自燃点右上角积聚瓦斯浓度明显降低,积聚的瓦斯浓度降低至 3.8%,瓦斯积聚现象有所弱化。此时,温度为 400 K 的煤自燃区域内,最高瓦斯浓度约为 2%,位于煤自燃点背风侧;最低瓦斯浓度约为 1.2%,位于煤自燃点迎风侧。

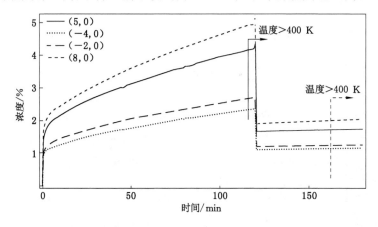

图 6-2　加强通风对进风侧煤自燃点瓦斯浓度的影响（$T=400$ K）

　　加强通风措施不仅降低了煤自燃点附近积聚的瓦斯浓度,也影响了采空区煤自燃点周围的温度分布形态。采取加强通风措施前后煤自燃点温度分布形态变化如图 6-3 所示,图中箭头表示风流运动方向。加强通风措施实施前,煤自燃点温度分布形态呈较为规则的馒头状,煤自燃点迎风侧的高温区域存在轻微收缩变形现象。加强通风措施实施后,煤自燃点高温区域在迎风侧发生明显收缩现象,同时在竖直方向上的影响范围明显扩大。图 6-4 显示,在第一层($z=1$ cm)和第二层($z=8$ cm)监测平面上,加强通风措施导致煤自燃点中心位置向深部分别移动约 2 cm 和 4 cm。竖直方向上,在同一位置由加强通风措施产生的温差最大约为 15 K。加强通风措施实施后,增强的漏风风流在与煤自燃点"多孔烟囱效应"竞争过程中增大了煤自燃点的风流风量,煤自燃点扩大的上升气流加强了竖直方向上的热传导和热弥散现象,导致竖直方向上各测点温度有所升高。

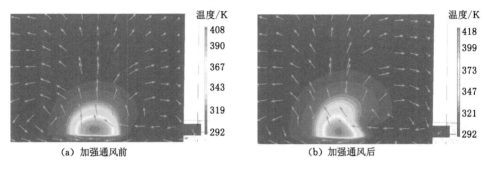

(a) 加强通风前　　　　　　　　　　　(b) 加强通风后

图 6-3　加强通风对进风侧煤自燃点温度分布的影响($T=400$ K)

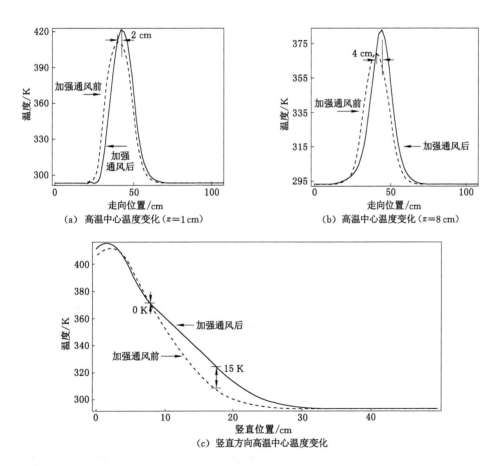

(a) 高温中心温度变化($z=1$ cm)　　　　　(b) 高温中心温度变化($z=8$ cm)

(c) 竖直方向高温中心温度变化

图 6-4　加强通风对进风侧煤自燃点温度分布曲线的影响($T=400$ K)

综上可知,当采空区进风侧煤自燃点温度达到 400 K 左右时,煤自燃点积聚的瓦斯浓度尚未达到爆炸极限,但煤自燃点的瓦斯积聚现象已较为明显。此时采取加强通风措施,可以增大漏风风流稀释瓦斯浓度,增强漏风风流与煤自燃点"多孔烟囱效应"之间的竞争。若漏风风流能量足够,则加强通风措施能够扩大漏风风流,克服煤自燃点"多孔烟囱效应"产生的局部负压(图 6-5),在短时间内迅速降低积聚的瓦斯浓度,起到较好的灾害防治效果。同时,加强通风措施引起的煤自燃高温分布形态的变化应引起警惕。

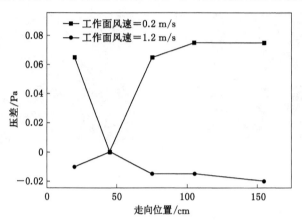

图 6-5　加强通风对进风侧煤自燃点压差变化的影响($T=400$ K)

6.1.2　采空区回风侧煤自燃点瓦斯积聚防治效果

煤自燃温度达到 400 K 左右时产生的标志性气体乙烯可作为采取灾害防治措施的灾情信息。为分析采取加强通风措施前后采空区瓦斯浓度分布的变化情况,选取 40 min、80 min、120 min 和 160 min 四个时刻的瓦斯浓度分布结果进行对比,加强通风措施在第 120 min 开始实施,采空区瓦斯浓度的动态分布结果如图 6-6 所示,图中红色点状区域为采空区温度高于 400 K 的高温区域。由图 6-6 可以看到,第 40 min 时,煤自燃点温度约为 345 K,煤自燃点瓦斯积聚现象已经十分明显,积聚瓦斯浓度达到 12.5%;第 80 min 时,煤自燃点温度约为 375 K,煤自燃点瓦斯积聚现象进一步巩固,积聚的瓦斯浓度升高至 14%;第 120 min 时,煤自燃点温度达到 400 K,积聚的瓦斯浓度达到 15.5%。在温度为 400 K 的煤自燃区域内,最高瓦斯浓度约为 15.5%,位于煤自燃点背风侧;最低瓦斯浓度约为 12.5%,位于煤自燃点迎风侧;这两点作为代表测点将进行进一步观察分析。以煤自燃点中心为原点,煤自燃点周围代表性测点的瓦斯浓度变化如图 6-7 所示。在第 120 min 实施加强通风措施后,煤自燃点积聚的瓦斯浓度迅速降低,两代表性测点的瓦斯浓度分别下降为 9.2% 和 7.8%,此后也维持在该水平。第 160 min 时,煤自燃点温度继续升高,煤自燃点瓦斯积聚现象仍然较为明显,但积聚瓦斯浓度下降至 8.8%。此时,在温度为 400 K 的煤自燃区域内,最高瓦斯浓度约为 9.5%,位于自燃点背风侧;最低瓦斯浓度约为 7%,位于自燃点迎风侧。

当煤自燃点出现在采空区回风侧时,加强通风措施对回风侧煤自燃点温度分布形态的影响如图 6-8 所示,图中箭头表示风流方向。由图 6-8 可知,采取加强通风措施前后,回风侧煤自燃点形态均呈较规则的馒头状,未发生明显变形。由图 6-9 可知,煤自燃点中心位置

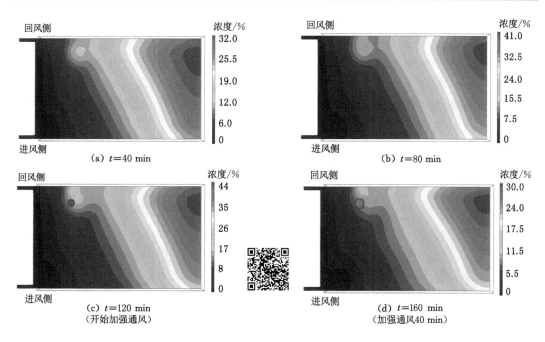

(a) $t=40$ min

(b) $t=80$ min

(c) $t=120$ min
（开始加强通风）

(d) $t=160$ min
（加强通风40 min）

图 6-6　加强通风对回风侧煤自燃点瓦斯积聚的影响（$T=400$ K）

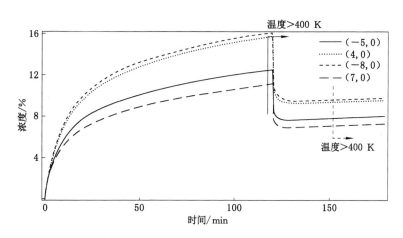

图 6-7　加强通风对回风侧煤自燃点瓦斯浓度的影响（$T=400$ K）

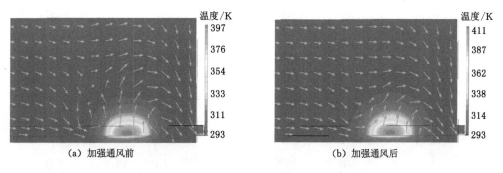

(a) 加强通风前

(b) 加强通风后

图 6-8　加强通风对回风侧煤自燃点温度分布的影响（$T=400$ K）

和高温影响范围也并未发生明显变化。加强通风措施实施后，回风侧煤自燃点周围的涡流现象有所削弱，煤自燃点迎风侧的涡流现象几乎消失，但煤自燃点"多孔烟囱效应"内部的上升气流受影响相对较小，即漏风风流对"多孔烟囱效应"的外围风流产生了一定干扰。图 6-10 中煤自燃点的压差变化也体现了这一点，煤自燃点迎风侧压差由采取加强通风措施前的负压压差转变为采取加强通风措施后的正压压差，由此可知煤自燃点负压区域产生的气体卷吸作用在迎风侧明显弱化。

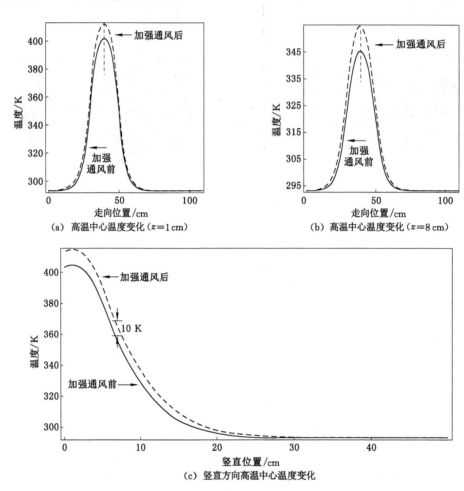

(a) 高温中心温度变化(z=1 cm)

(b) 高温中心温度变化(z=8 cm)

(c) 竖直方向高温中心温度变化

图 6-9　加强通风对回风侧煤自燃点温度分布曲线的影响(T=400 K)

综上，当采空区回风侧煤自燃点温度达到 400 K 左右时，煤自燃点温度虽未达到瓦斯点燃温度，但煤自燃点瓦斯积聚现象十分明显，积聚的瓦斯浓度已进入瓦斯爆炸极限范围。此时采取加强通风措施虽然能够增大漏风风流，但漏风风流到达回风侧煤自燃点时仍不足以完全克服采空区煤自燃点"多孔烟囱效应"，仅在一定程度上削弱了瓦斯积聚现象；加强通风措施的主要作用是通过增加漏风风量，稀释大范围内的瓦斯浓度来降低瓦斯积聚浓度；积聚的瓦斯浓度虽然有所下降，但仍然处于瓦斯爆炸极限范围内。

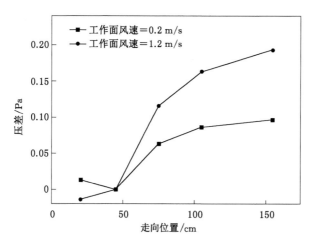

图 6-10 加强通风对回风侧煤自燃点压差变化的影响(T=400 K)

6.2 煤自燃中期加强通风灾害防治效果

6.2.1 采空区进风侧煤自燃点瓦斯积聚防治效果

当煤自燃点出现在采空区进风侧并且温度达到 700 K 左右时,选取 40 min、80 min、120 min 和 160 min 四个时刻的瓦斯浓度分布结果,对比分析采取加强通风措施前后采空区瓦斯浓度分布的变化情况,加强通风措施从第 120 min 开始实施。加强通风措施对采空区瓦斯浓度分布的影响如图 6-11 所示,图中的红色点状区域为采空区温度高于 700 K 的煤自燃高温区域。

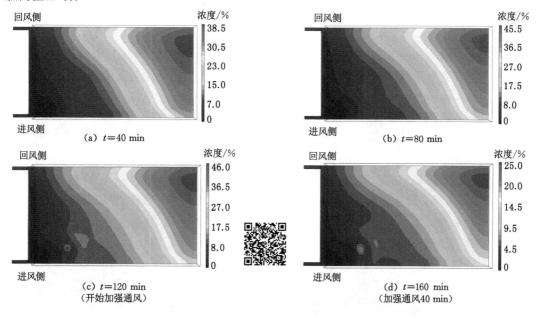

图 6-11 加强通风对进风侧煤自燃点瓦斯积聚的影响(T=700 K)

从图 6-11 中可以发现，在第 40 min 时，煤自燃点温度未达到 700 K，煤自燃点的瓦斯浓度为 3%，瓦斯积聚现象正在形成，但并不明显；第 80 min 时，煤自燃点温度约为 655 K，煤自燃点瓦斯浓度为 4.2%，煤自燃点右上角瓦斯浓度稳定升高，积聚瓦斯浓度约为 9.5%；第 120 min 时，煤自燃点温度已达到 700 K，煤自燃点瓦斯浓度为 5.9%，瓦斯积聚现象在煤自燃点右上角得到进一步巩固，积聚瓦斯浓度约为 11.8%。此时，在温度为 700 K 的煤自燃区域内，最高瓦斯浓度约为 7.8%，位于煤自燃点背风侧；最低瓦斯浓度约为 4.6%，位于煤自燃点迎风侧；这两点作为代表测点将进行进一步观察分析。以煤自燃点中心为原点，煤自燃点周围代表性测点瓦斯浓度变化如图 6-12 所示。在第 120 min 实施加强通风措施后，煤自燃点右上方积聚的瓦斯浓度迅速降低，以上两代表性测点瓦斯浓度分别下降 2.8% 和 1.8%，并稳定地维持在该水平。第 160 min 时，煤自燃点右上角瓦斯积聚现象出现明显削弱现象，积聚瓦斯浓度降低至 5.9%。此时，在温度为 700 K 的煤自燃区域内，最高瓦斯浓度约为 3%，位于煤自燃点背风侧；最低瓦斯浓度约为 1.8%，位于煤自燃点迎风侧。

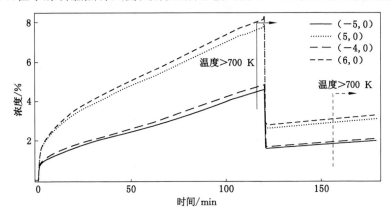

图 6-12 加强通风对进风侧煤自燃点瓦斯浓度的影响（$T=700$ K）

加强通风措施在降低采空区瓦斯浓度的同时，也影响了采空区煤自燃点温度分布形态。采取加强通风措施前后煤自燃点温度分布变化如图 6-13 所示，图中箭头表示风流运动方向。实施加强通风措施前，在煤自燃高温产生的热浮力效应下，采空区煤自燃点高温区域呈较为规则的半椭圆形，在煤自燃点迎风侧存在轻微收缩变形；实施加强通风措施后，采空区煤自燃点高温区域在迎风侧出现明显收缩现象，同时在竖直方向上的影响范围有所扩大。图 6-14 显示，在第一层（$z=1$ cm）和第二层（$z=8$ cm）监测面上，加强通风措施导致煤自燃高温中心向深部分别移动了约 1.5 cm 和 2 cm；竖直方向上，由加强通风措施引起的温差最大约为 60 K。加强通风措施增强了漏风风流，煤自燃点"多孔烟囱效应"负压抽吸过程中的风流流量得以增大，从而加强了竖直方向上的热传导作用，因此竖直方向上的测点温度有所增加，煤自燃高温范围得到扩大。

综上可知，当采空区进风侧煤自燃点温度达到 700 K 左右时，煤自燃区域内的瓦斯浓度已经进入瓦斯爆炸极限范围，煤自燃点右上角瓦斯积聚现象较为明显且不断加强，在较高煤自燃温度条件下存在较大的瓦斯爆炸灾害危险性。此时采取加强通风措施，增大的漏风风流与采空区煤自燃点"多孔烟囱效应"之间的竞争关系虽然加强，但更高的煤自燃温度产生的煤自燃点"多孔烟囱效应"更强，煤自燃点"多孔烟囱效应"受到的影响有限，煤自燃

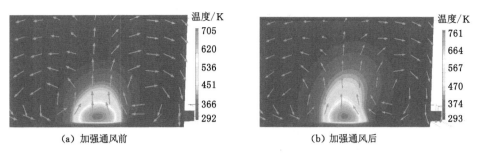

（a）加强通风前　　　　　　　　　　　（b）加强通风后

图 6-13　加强通风对进风侧煤自燃点温度分布的影响（$T=700$ K）

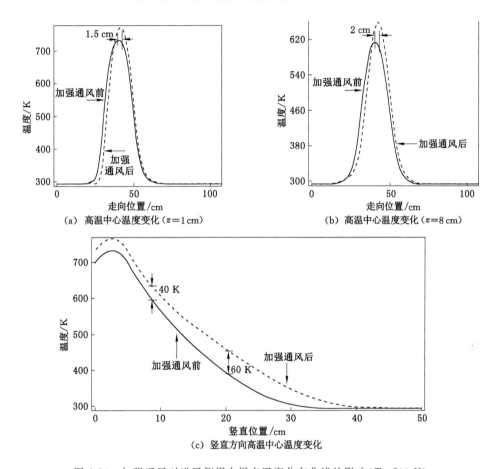

图 6-14　加强通风对进风侧煤自燃点温度分布曲线的影响（$T=700$ K）

点产生的局部负压趋势并未改变（图 6-15）。加强通风措施的主要作用在于稀释煤自燃点以外的瓦斯浓度，使煤自燃点"多孔烟囱效应"卷吸气流中的瓦斯浓度降低，达到一定的稀释积聚瓦斯浓度的效果。

6.2.2　采空区回风侧煤自燃点瓦斯积聚防治效果

当煤自燃点出现在采空区回风侧且温度达到 700 K 左右时，选取 40 min、80 min、120 min 和 160 min 四个时刻的瓦斯浓度分布结果，对比分析采取加强通风措施前后采空区瓦斯浓度分布的变化情况，加强通风措施从第 120 min 开始实施。加强通风措施对采空

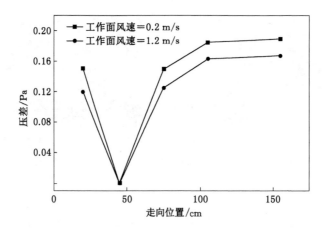

图 6-15　加强通风对进风侧煤自燃点压差变化的影响($T=700\ \mathrm{K}$)

区瓦斯浓度分布的影响如图 6-16 所示,图中红色点状区域为采空区温度高于 700 K 的煤自燃高温区域。

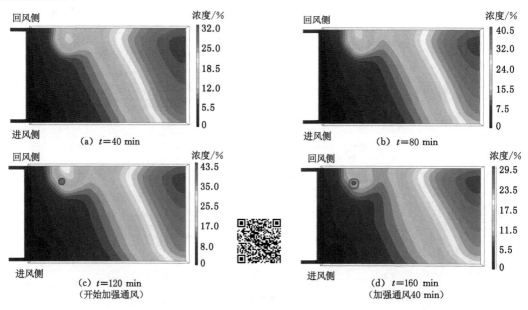

图 6-16　加强通风对回风侧煤自燃点瓦斯积聚的影响($T=700\ \mathrm{K}$)

从图 6-16 中可以看到,第 40 min 时,煤自燃点瓦斯积聚现象已经十分明显,积聚瓦斯浓度达到 18.5%,此时煤自燃点温度约为 510 K;第 80 min 时,煤自燃点温度约为 640 K,煤自燃点瓦斯积聚进一步巩固,积聚瓦斯浓度达到 21.5%;第 120 min 时,煤自燃点温度达到 720 K,煤自燃点积聚瓦斯浓度达到 23%。此时,在温度为 700 K 的煤自燃区域内,最高瓦斯浓度约为 22%,位于煤自燃点背风侧;最低瓦斯浓度约为 17.8%,位于煤自燃点迎风侧;这两点作为代表性测点将进行进一步观察分析。由图 6-17 可知,在第 120 min 开始对工作面实施加强通风措施后,煤自燃点积聚的瓦斯浓度迅速降低,以上两代表性测点的瓦斯浓度分别下降为 12.2% 和 10.2%,且此后也稳定地维持在该水平。第 160 min 时,煤自燃点温度继续升高,煤自燃点瓦斯积聚现象仍然十分明显,积聚瓦斯浓度下降至12.5%。此时,在温度为700 K的煤自燃区域内,最高瓦斯浓度约为12.1%,位于煤自燃点背风侧;最低瓦斯浓度约为9.8%,位于煤自燃点迎风侧。

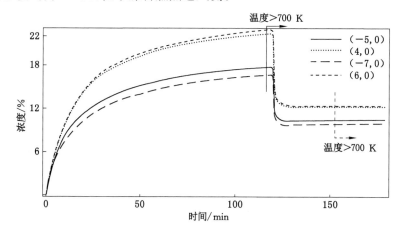

图 6-17 加强通风对回风侧煤自燃点瓦斯浓度的影响($T=700$ K)

当煤自燃点出现在采空区回风侧时,加强通风措施对回风侧煤自燃点温度分布形态影响如图 6-18 所示,图中箭头代表风流运动方向。回风侧煤自燃点形态呈较为规则的馒头状,并未因加强通风措施发生明显变化。由图 6-19 可知,煤自燃点中心位置和高温范围并未发生明显位移和变形。加强通风后,回风侧煤自燃点周围的涡流现象存在一定程度的削弱,但漏风风流对煤自燃点"多孔烟囱效应"干扰较小。图 6-20 中煤自燃点的负压压差变化也体现了这一点,实施加强通风措施后,煤自燃点的负压压差并未发生实质性改变,煤自燃点迎风侧的负压压差小幅度降低,煤自燃点背风侧的负压压差有所增大,煤自燃点"多孔烟囱效应"的气体卷吸作用在迎风侧有所减弱、在背风侧有所加强。

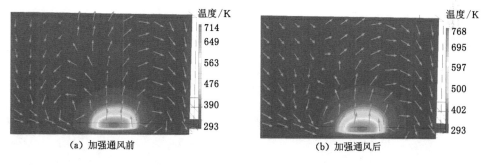

(a) 加强通风前   (b) 加强通风后

图 6-18 加强通风对回风侧煤自燃点温度分布的影响($T=700$ K)

综上可知,当采空区回风侧煤自燃点温度达到 700 K 左右时,煤自燃点的瓦斯积聚现象十分明显,积聚瓦斯浓度已经高于瓦斯爆炸极限,此时的煤自燃温度因接近瓦斯点燃温度而存在一定危险性。加强通风措施能够增大采空区漏风风流,但不能对采空区煤自燃点"多孔烟囱效应"产生明显影响,仅能通过稀释煤自燃点周围瓦斯浓度达到降低积聚瓦斯浓度的目的;漏风风流稀释作用下的瓦斯浓度下降至瓦斯爆炸极限范围内,在较高煤自燃温度条件下增大了瓦斯爆炸危险性。

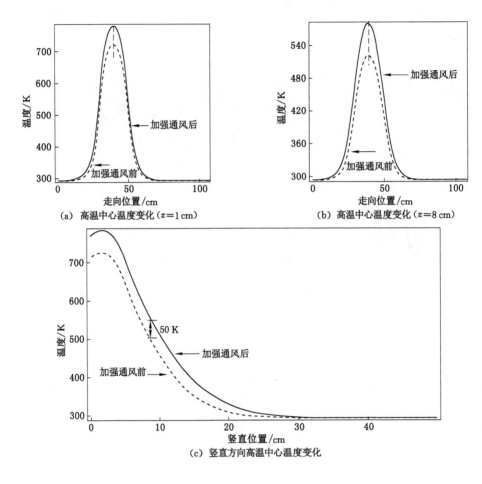

(a) 高温中心温度变化 ($z=1$ cm)   (b) 高温中心温度变化 ($z=8$ cm)

图 6-19   加强通风对回风侧煤自燃点温度分布曲线的影响($T=700$ K)

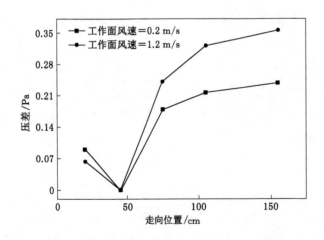

图 6-20   加强通风对回风侧煤自燃点压差变化的影响($T=700$ K)

6.3　煤自燃后期加强通风灾害防治效果

6.3.1　采空区进风侧煤自燃点瓦斯积聚防治效果

当煤自燃点出现在采空区进风侧且温度达到 900 K 左右时,选取 40 min、80 min、120 min 和 160 min 四个时刻的瓦斯浓度分布结果进行对比,分析采取加强通风措施前后采空区瓦斯浓度分布的变化情况,其中在第 120 min 开始实施加强通风措施。采取加强通风措施前后采空区瓦斯浓度分布变化如图 6-21 所示,图中红色点状区域为采空区温度高于 900 K 的煤自燃区域。

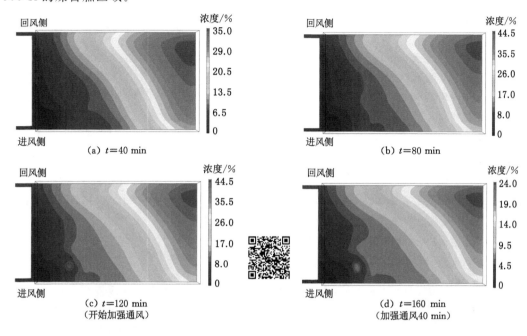

图 6-21　加强通风对进风侧煤自燃点瓦斯积聚的影响（$T=900$ K）

从图 6-21 中可以观察到,第 40 min 时,煤自燃点瓦斯浓度约为 3.3%,瓦斯积聚现象已具有雏形,此时煤自燃点温度约为 660 K;第 80 min 时,煤自燃点温度约为 885 K,煤自燃点瓦斯浓度升高为 5.2%,瓦斯积聚在煤自燃点右上角已经比较明显,积聚的瓦斯浓度约为 10.5%;第 120 min 时,煤自燃点温度为 1 010 K,已达到瓦斯点燃温度,此时煤自燃点的瓦斯浓度为 6.5%,瓦斯积聚现象在煤自燃点右上角进一步加强,积聚的瓦斯浓度约为 12.7%。此时,在温度为 900 K 的煤自燃点范围内,瓦斯浓度最高约为 8.8%,位于煤自燃点背风侧;瓦斯浓度最低约为 5.3%,位于煤自燃点迎风侧;这两点作为代表性测点将进行进一步观察分析。以煤自燃点中心为原点,煤自燃点周围代表性测点的瓦斯浓度变化情况如图 6-22 所示。在第 120 min 对工作面实施加强通风措施后,煤自燃点积聚的瓦斯浓度迅速降低,以上两代表性测点的瓦斯浓度分别下降为 3.7% 和 2.2%,且此后也稳定地维持在该数值。第 160 min 时,煤自燃点温度继续升高,煤自燃点右上角的瓦斯积聚现象并未明显削弱,积聚的瓦斯浓度降低至 6.4%。此时,在温度为 900 K 的煤自燃点范围内,瓦斯浓度最高约为 3.8%,位于煤自燃点背风侧;瓦斯浓度最低约为 2.4%,位于煤自燃点迎风侧。

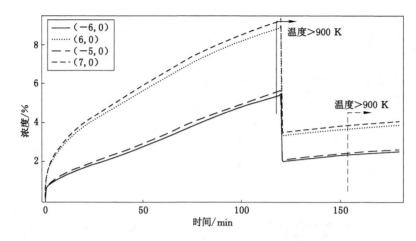

图 6-22　加强通风对进风侧煤自燃点瓦斯浓度的影响（$T = 900$ K）

　　当煤自燃点出现在采空区进风侧且温度达到 900 K 左右时，采取加强通风措施前后煤自燃点温度分布形态变化如图 6-23 所示，图中箭头表示风流运动方向。加强通风前，在煤自燃高温产生的热浮力效应下，采空区煤自燃点温度分布形态呈较为规则的半椭圆形。加强通风后，采空区煤自燃点温度分布形态在煤自燃点迎风侧发生轻微收缩现象，在竖直方向上的影响范围明显扩大。图 6-24 显示，在第一层（$z = 1$ cm）和第二层（$z = 8$ cm）监测面上，加强通风措施导致煤自燃高温中心向深部分别移动了约 1 cm 和 1.5 cm。在竖直方向上，由加强通风措施产生的温差最大约为 180 K。加强通风措施通过增大采空区漏风风流增大了煤自燃点的上升气流流量和热量转移量，导致竖直方向上的测点温度升高。

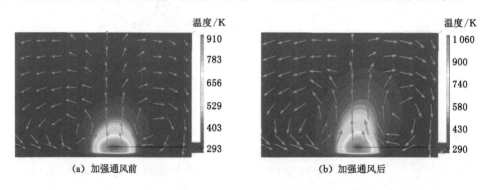

図 6-23　加强通风对进风侧煤自燃点温度分布的影响（$T = 900$ K）

　　综上可知，当采空区进风侧煤自燃点温度达到 900 K 左右时，煤自燃点瓦斯浓度为 5.2%～10.5%，瓦斯的点燃温度和瓦斯爆炸极限条件同时得到满足，具有极大的瓦斯爆炸危险性。此时采取加强通风措施，能够迅速降低煤自燃点瓦斯浓度，但降低后的瓦斯浓度处于瓦斯爆炸极限范围边界，在高于瓦斯点燃温度条件下仍存在一定的瓦斯爆炸危险。加强通风措施增大的漏风风流不足以与采空区"多孔烟囱效应"竞争，难以影响采空区煤自燃点"多孔烟囱效应"产生的较大局部负压（图 6-25）。加强通风措施虽然能够稀释采空区瓦斯浓度，但更强劲的煤自燃点"多孔烟囱效应"仍能够积聚瓦斯形成瓦斯爆炸危险性。因

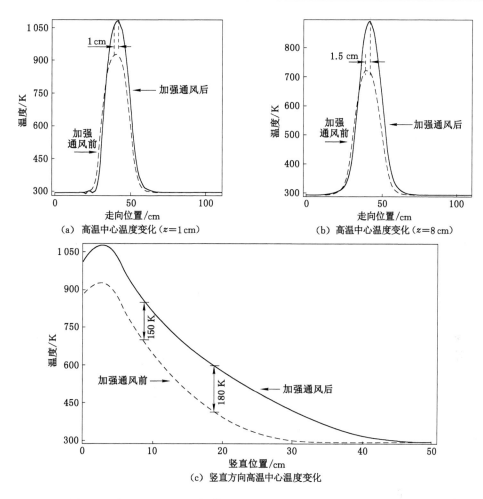

图 6-24 加强通风对进风侧煤自燃点温度分布曲线的影响（$T=900$ K）

此,在煤自燃后期阶段,对煤自燃诱发瓦斯爆炸灾害的防治工作应以煤自燃灾害治理为重点,辅以注惰性气体、通风来提高瓦斯爆炸极限,降低瓦斯爆炸危险性。

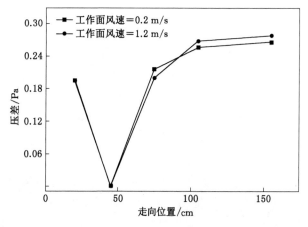

图 6-25 加强通风对进风侧煤自燃点压差变化的影响（$T=900$ K）

6.3.2 采空区回风侧煤自燃点瓦斯积聚防治效果

当煤自燃点出现在采空区回风侧并且温度达到 900 K 左右时,选取 40 min、80 min、120 min 和 160 min 四个时刻的瓦斯浓度分布结果进行对比,分析采取加强通风措施前后采空区瓦斯浓度分布的变化情况,其中在第 120 min 开始实施加强通风措施。加强通风对采空区瓦斯浓度分布的影响如图 6-26 所示,图中的红色点状区域为采空区温度高于 900 K 的煤自燃区域。

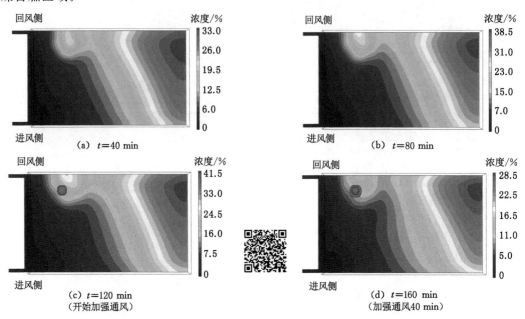

图 6-26　加强通风对回风侧煤自燃点瓦斯积聚的影响($T=900$ K)

从图 6-26 中可以发现,第 40 min 时,煤自燃点瓦斯积聚现象已经十分明显,积聚的瓦斯浓度达到 19%,此时煤自燃点温度约为 660 K;第 80 min 时,煤自燃点温度约为 875 K,煤自燃点瓦斯积聚得到进一步巩固,积聚的瓦斯浓度约为 21.2%;第 120 min 时,煤自燃点温度达到 900 K,煤自燃点积聚瓦斯浓度达到 22%。此时,在温度为 900 K 的煤自燃点范围内,最高瓦斯浓度约为 21.5%,位于煤自燃点背风侧;最低瓦斯浓度约为 16%,位于煤自燃点迎风侧;这两点作为代表性测点将进行进一步观察分析。由图 6-27 可知,在第 120 min 对工作面实施加强通风措施后,煤自燃点积聚的瓦斯浓度迅速降低,以上两代表性测点瓦斯浓度分别下降为 12% 和 9.8%,且此后也稳定地维持在该水平。第 160 min 时,煤自燃点温度继续升高,煤自燃点瓦斯积聚现象仍然十分明显,但积聚的瓦斯浓度下降至 12.2%。此时,在温度为 900 K 的煤自燃点范围内,最高瓦斯浓度约为 12%,位于煤自燃点背风侧;最低瓦斯浓度约为 9.7%,位于煤自燃点迎风侧。

当煤自燃点出现在采空区回风侧时,采取加强通风措施前后回风侧煤自燃点温度分布形态变化如图 6-28 所示,图中箭头表示风流方向。采取加强通风措施前后,回风侧煤自燃点形态均呈较为规则的馒头状,未发生明显变化。由图 6-29 可知,煤自燃点中心位置和高温范围也并未发生明显位移和变形。加强通风措施实施后,回风侧煤自燃点周围的涡流现象也未明显削弱,即漏风风流对煤自燃点"多孔烟囱效应"干扰较小。图 6-30 中煤自燃点的

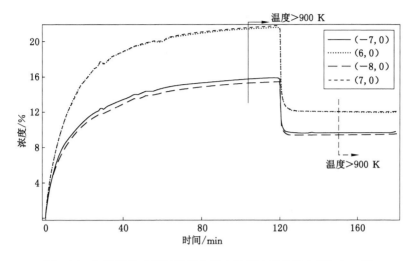

图 6-27　加强通风对回风侧煤自燃点瓦斯浓度的影响（$T=900$ K）

负压压差变化也证明了这一点,加强通风措施对煤自燃点负压区域并未发生逆向改变,煤自燃点迎风侧的负压压差变化较小,背风侧的负压压差有所增大。

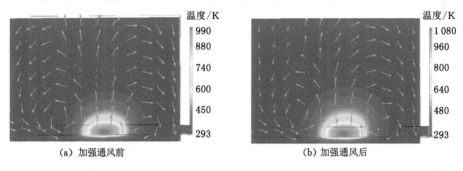

（a）加强通风前　　　　　　　　　　　（b）加强通风后

图 6-28　加强通风对回风侧煤自燃点温度分布的影响（$T=900$ K）

综上可知,当采空区回风侧煤自燃点温度达到 900 K 左右时,温度已达到瓦斯点燃温度,煤自燃点瓦斯浓度高于瓦斯爆炸极限。在强劲的煤自燃点"多孔烟囱效应"作用下,加强通风措施不能有效消除瓦斯积聚现象,但能够稀释降低煤自燃点瓦斯浓度,但降低后的瓦斯浓度处于瓦斯爆炸极限范围,从而增大了煤自燃引爆瓦斯的危险性。

根据采空区煤自燃灾害早期、中期和后期阶段加强通风措施效果研究,无论煤自燃发生在采空区进风侧还是回风侧,加强通风措施都能够在短时间内迅速稀释降低瓦斯浓度,但加强通风措施的防灾减灾效果并不相同。一方面,加强通风措施能够增大漏风风流,有效地稀释煤自燃点以外区域的瓦斯浓度,降低采空区煤自燃点"多孔烟囱效应"负压抽吸混合气体中的瓦斯浓度,达到降低积聚瓦斯浓度的目的;另一方面,在采空区进风侧煤自燃早期阶段,加强通风措施能够加强漏风风流与煤自燃点"多孔烟囱效应"的竞争,将煤自燃点负压区域改变为正压区域,极大地削弱煤自燃点"多孔烟囱效应"和瓦斯积聚现象,但是加强通风措施对采空区回风侧煤自燃点"多孔烟囱效应"影响较小。随着煤自燃温度升高,煤自燃点"多孔烟囱效应"不断增强,漏风风流将很难通过风流竞争影响瓦斯积聚现象。研究结果显示,当煤自燃发生在采空区进风侧时,加强通风措施在煤自燃早中晚期能够将煤自

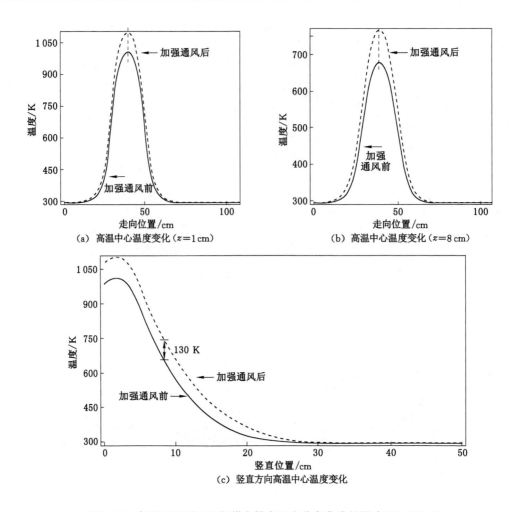

（a）高温中心温度变化（$z=1\,\mathrm{cm}$）　　（b）高温中心温度变化（$z=8\,\mathrm{cm}$）

（c）竖直方向高温中心温度变化

图 6-29　加强通风对回风侧煤自燃点温度分布曲线的影响（$T=900\,\mathrm{K}$）

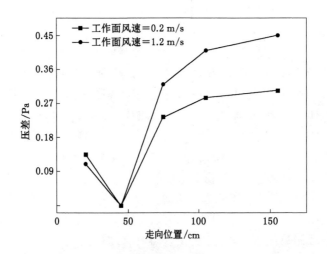

图 6-30　加强通风对回风侧煤自燃点压差变化的影响（$T=900\,\mathrm{K}$）

燃点瓦斯浓度降低到瓦斯爆炸极限以下,起到较好的灾害防治效果;当煤自燃发生在采空区回风侧时,加强通风措施在煤自燃早期不能将积聚瓦斯浓度降低到瓦斯爆炸极限以下,在煤自燃中后期将高于瓦斯爆炸极限的积聚瓦斯浓度降低至瓦斯爆炸极限内,增加了煤自燃引爆瓦斯的危险性。

　　加强通风措施的制定和实施需要根据采空区煤自燃情况和瓦斯积聚程度进行确定。根据本研究结果,当采空区瓦斯来源较为稳定时,煤自燃点"多孔烟囱效应"产生的瓦斯积聚程度是可以预判的,本研究条件下的积聚瓦斯浓度在采空区煤自燃温度升高过程中逐渐升高至某一浓度值稳定下来,如图 6-31 所示。根据采空区气体环境束管监测数据,结合数值模拟可以确定煤自燃发展状态及其引起的瓦斯积聚程度,从而对加强通风措施的防灾减灾效果进行预判。根据本书研究结果,当采空区存在煤自燃诱发瓦斯爆炸灾害时,煤自燃灾情的及早发现是避免灾情恶化的重要环节。煤自燃标志性气体乙烯和乙炔在采空区出现时,应及时做好煤自燃灾害的治理工作,煤自燃点的扑灭能够从根本上避免煤自燃诱发瓦斯爆炸灾害的发生。若采空区煤自燃情况恶化,煤自燃温度进一步升高,此时不建议减少工作面通风,通风量的减少将加剧煤自燃点瓦斯积聚现象,煤自燃产生的高温和可燃性气体的混入将大大增加瓦斯爆炸危险性。煤自燃点的扑灭仍应是避免瓦斯爆炸灾害发生的根本防治措施,注惰性气体、通风可作为应急措施抑制煤自燃发展并提高瓦斯爆炸条件,为防灾救灾措施实施争取安全时间。

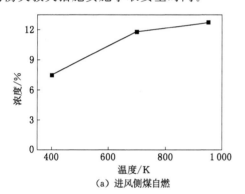
（a）进风侧煤自燃

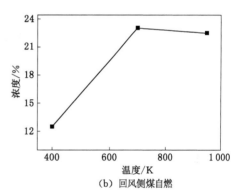
（b）回风侧煤自燃

图 6-31　煤自燃点瓦斯浓度变化

参 考 文 献

[1] 韩可琦,王玉浚.中国能源消费的发展趋势与前景展望[J].中国矿业大学学报,2004,33(1):1-5.

[2] 陈季斌,窦林名,曹胜根.综放面端头放顶煤研究[J].煤炭科技,2008(4):52-55.

[3] 李东印.综放工作面煤炭采出率研究综述[C]//综采放顶煤技术理论与实践的创新发展:综放开采30周年科技论文集,2012:120-126.

[4] 谢和平,周宏伟,薛东杰,等.煤炭深部开采与极限开采深度的研究与思考[J].煤炭学报,2012,37(4):535-542.

[5] 袁亮.我国深部煤与瓦斯共采战略思考[J].煤炭学报,2016,41(1):1-6.

[6] 周福宝.瓦斯与煤自燃共存研究(Ⅰ):致灾机理[J].煤炭学报,2012,37(5):843-849.

[7] 李宗翔,吴强,肖亚宁.采空区瓦斯涌出与自燃耦合基础研究[J].中国矿业大学学报,2008,37(1):38-42.

[8] 秦波涛,张雷林,王德明,等.采空区煤自燃引爆瓦斯的机理及控制技术[J].煤炭学报,2009,34(12):1655-1659.

[9] 卢平,张士环,朱贵旺,等.高瓦斯煤层综放开采瓦斯与煤自燃综合治理研究[J].中国安全科学学报,2004,14(4):72-78.

[10] 国家自然科学基金委员会.项目指南-重点项目-工程与材料科学[R].北京:国家自然科学基金委员会,2020.

[11] 王德明.矿井火灾学[M].徐州:中国矿业大学出版社,2008.

[12] 李宗翔,刘宇,吴邦大,等.基于封闭耗氧实验的窒熄带氧临界体积分数研究[J].煤炭学报,2017,42(7):1776-1781.

[13] 王德明,辛海会,戚绪尧,等.煤自燃中的各种基元反应及相互关系:煤氧化动力学理论及应用[J].煤炭学报,2014,39(8):1667-1674.

[14] AHMET A,BASIL B. Reaction kinetics of coal oxidation at low temperatures[J]. Fuel,2015,159:412-417.

[15] 陆伟,胡千庭,仲晓星,等.煤自燃逐步自活化反应理论[J].中国矿业大学学报,2007,36(1):111-115.

[16] 李林,BEAIMSH B B,姜德义.煤自然活化反应理论[J].煤炭学报,2009,34(4):505-508.

[17] 余明高,袁壮,褚廷湘,等.不同自燃性煤氧化阶段的表征差异[J].重庆大学学报,2017,40(2):37-44.

[18] 秦波涛,王德明,李增华,等.以活化能的观点研究煤炭自燃机理[J].中国安全科学学报,2005,15(1):11-13.

[19] 王继仁,邓存宝,邓汉忠,等.煤表面对氧分子物理吸附的微观机理[J].煤炭转化,
2007,30(4):18-21.

[20] 秦波涛,宋爽,戚绪尧,等.浸水过程对长焰煤自燃特性的影响[J].煤炭学报,2018,
43(5):1350-1357.

[21] 文虎,王栋,赵彦辉,等.水浸煤体自燃特性实验研究[J].煤炭技术,2015,34(1):
261-263.

[22] 邓军,邓寅,张玉涛,等.含水率对煤二次氧化自燃特性影响的实验研究[J].西安科技
大学学报,2016,36(4):451-456.

[23] 金永飞,郭军,文虎,等.煤自燃高温贫氧氧化燃烧特性参数的实验研究[J].煤炭学报,
2015,40(3):596-602.

[24] 邓军,杨俊义,张玉涛,等.贫氧条件下煤自燃特性的热重-红外实验研究[J].煤矿安
全,2017,48(4):24-28.

[25] 邵昊,蒋曙光,吴征艳,等.二氧化碳和氮气对煤自燃性能影响的对比试验研究[J].煤
炭学报,2014,39(11):2244-2249.

[26] 马砺,王伟峰,邓军,等.CO_2对煤升温氧化燃烧特性的影响[J].煤炭学报,2014,39(增
刊2):397-404.

[27] 宋万新,杨胜强,蒋春林,等.含瓦斯风流条件下煤自燃产物CO生成规律的实验研究
[J].煤炭学报,2012,37(8):1320-1325.

[28] 邓军,赵婧昱,张嬿妮,等.不同变质程度煤二次氧化自燃的微观特性试验[J].煤炭学
报,2016,41(5):1164-1172.

[29] 张辛亥,李青蔚,肖旸,等.遗煤二次氧化过程中自燃极限参数变化规律试验[J].安全
与环境学报,2016,16(4):101-106.

[30] 马砺,任立峰,韩力,等.粒度对采空区煤自燃极限参数的影响试验研究[J].煤炭科学
技术,2015,43(6):59-64.

[31] 肖旸,王振平,马砺,等.煤自燃指标气体与特征温度的对应关系研究[J].煤炭科学技
术,2008,36(6):47-51.

[32] 吴玉国,邬剑明,张东坡,等.综放工作面连续注氮下采空区气体分布及"三带"变化规
律[J].煤炭学报,2011,36(6):964-967.

[33] 朱红青,刘鹏飞,刘星魁,等.采空区注氮过程中自燃带范围与温度变化的数值模拟
[J].湖南科技大学学报(自然科学版),2012,27(1):1-6.

[34] JR ZIPF R K,MARCHEWKA W,MOHAMED K,et al. Tube bundle system:for
monitoring of coal mine atmosphere[J]. Mining engineering,2013,65(5):57-63.

[35] LI L,QIN B T,MA D,et al. Unique spatial methane distribution caused by
spontaneous coal combustion in coal mine goafs:an experimental study[J]. Process
safety and environmental protection,2018,116:199-207.

[36] MA D,QIN B T,LI L,et al. Study on the methane explosion regions induced by
spontaneous combustion of coal in longwall gobs using a scaled-down experiment set-
up[J].Fuel,2019,254:115547.

[37] 蒋仲安,蒋江林,王洪胜,等.矿井综放工作面采空区瓦斯运移规律实验研究[J].矿业

安全与环保,2015,42(3):5-11.

[38] 王红刚.采空区漏风流场与瓦斯运移的叠加方法研究[D].西安:西安科技大学,2009.

[39] 车强.采空区气体三维多场耦合规律研究[D].北京:中国矿业大学(北京),2010.

[40] 文虎,姜华,翟小伟,等.三维采空区漏风模拟相似材料模型系统设计[J].矿业安全与环保,2014,41(3):31-40,50.

[41] 刘宏波.综放工作面采空区自然发火三维数值模拟研究[D].北京:中国矿业大学(北京),2012.

[42] 何启林,王德明.综放面采空区遗煤自然发火过程动态数值模拟[J].中国矿业大学学报,2004,33(1):11-14.

[43] 邢玉忠,郭勇义,吴世跃.采空区紊流漏风相关系数的研究[J].煤炭学报,2001,26(5):525-528.

[44] 王俊峰,李有忠.注氮防火时采空区气体变化与"三带"分布状况的检测[J].太原理工大学学报,2000,31(6):638-641.

[45] 牛会永,周心权.综放面采空区遗煤自然发火特点及环境分析[J].煤矿安全,2008,39(8):12-15.

[46] 周佩玲.采空区遗煤氧化升温时空演化机制研究[D].北京:北京科技大学,2017.

[47] 余陶.采空区瓦斯与煤自燃复合灾害防治机理与技术研究[D].合肥:中国科学技术大学,2014.

[48] 李宗翔.高瓦斯易自燃采空区瓦斯与自燃耦合研究[D].阜新:辽宁工程技术大学,2007.

[49] 张春,题正义,李宗翔,等.注氮防治综放遗煤自燃的三维模拟及应用研究[J].安全与环境学报,2014,14(2):31-35.

[50] 谭波,牛会永,和超楠,等.回采情况下采空区煤自燃温度场理论与数值分析[J].中南大学学报(自然科学版),2013,44(1):381-387.

[51] 胡千庭,梁运培,刘见中.采空区瓦斯流动规律的CFD模拟[J].煤炭学报,2007,32(7):719-723.

[52] LIANG Y T,ZHANG J,REN T,et al. Application of ventilation simulation to spontaneous combustion control in underground coal mine:a case study from Bulianta colliery[J]. International journal of mining science and technology,2018,28(2):231-242.

[53] 梁运涛,张腾飞,王树刚,等.采空区孔隙率非均质模型及其流场分布模拟[J].煤炭学报,2009,34(9):1203-1207.

[54] 李宗翔,衣刚,武建国,等.基于"O"型冒落及耗氧非均匀采空区自燃分布特征[J].煤炭学报,2012,37(3):484-489.

[55] 金龙哲,姚伟,张君.采空区瓦斯渗流规律的CFD模拟[J].煤炭学报,2010,35(9):1476-1480.

[56] 褚廷湘,余明高,杨胜强,等.基于FLUENT的采空区流场数值模拟分析及实践[J].河南理工大学学报(自然科学版),2010,29(3):298-305.

[57] 高建良,刘佳佳,张学博.采空区渗透率对瓦斯运移影响的模拟研究[J].中国安全科学

学报,2010,20(9):9-14.

[58] XIA T Q,ZHOU F B,WANG X X,et al. Controlling factors of symbiotic disaster between coal gas and spontaneous combustion in longwall mining gobs[J]. Fuel, 2016,182:886-896.

[59] XIA T Q,ZHOU F B,WANG X X,et al. Safety evaluation of combustion-prone longwall mining gobs induced by gas extraction:a simulation study[J]. Process safety and environmental protection,2017,109:677-687.

[60] XIA T Q,ZHOU F B,GAO F,et al. Simulation of coal self-heating processes in underground methane-rich coal seams[J]. International journal of coal geology,2015, 141/142:1-12.

[61] YUAN L M,SMITH A C. CFD modelling of sampling locations for early detection of spontaneous combustion in long-wall gob areas[J]. International journal of mining and mineral engineering,2014,4(1):50-62.

[62] YUAN L M,SMITH A C. Numerical study on effects of coal properties on spontaneous heating in longwall gob areas[J]. Fuel,2008,87(15/16):3409-3419.

[63] YUAN L M,SMITH A C. CFD modeling of spontaneous heating in a large-scale coal chamber[J]. Journal of loss prevention in the process industries,2009,22(4): 426-433.

[64] QIN B T,LI L,MA D,et al. Control technology for the avoidance of the simultaneous occurrence of a methane explosion and spontaneous coal combustion in a coal mine:a case study[J]. Process safety and environmental protection,2016,103:203-211.

[65] LIANG Y T,WANG S G. Prediction of coal mine goaf self-heating with fluid dynamics in porous media[J]. Fire safety journal,2017,87:49-56.

[66] 李沛涛,郭启文,陈晓国,等. 黄土水泥浆在治理煤层自燃中的研究与应用[J]. 中州煤炭,2004(2):49-51.

[67] SUDHISH C B. Prevention and combating mine fires[M]. [S. l. :s. n.],2000.

[68] ZHU H Q,LIU P F,LIU X K. The study of spontaneous combustion region partition and nitrogen injection effect forecast based on CFD method[J]. Procedia engineering, 2011,26:281-288.

[69] 王俊峰,邬剑明,梁子荣,等. 煤升温氧化过程中 Rn 的析出与 CO、CO_2、CH_4 相关性实验研究[J]. 中国煤炭,2009,35(3):80-82.

[70] 单亚飞,王继仁,邓存宝,等. 不同阻化剂对煤自燃影响的实验研究[J]. 辽宁工程技术大学学报(自然科学版),2008,27(1):1-4.

[71] 张玉涛,史学强,李亚清,等. 锌镁铝层状双氢氧化物对煤自燃的阻化特性[J]. 煤炭学报,2017,42(11):2892-2899.

[72] 徐精彩,文虎,邓军,等. 凝胶防灭火技术在煤层内因火灾防治中的应用[J]. 中国煤炭,1997(5):28-30.

[73] 秦波涛,张雷林. 防治煤炭自燃的多相凝胶泡沫制备实验研究[J]. 中南大学学报(自然科学版),2013,44(11):4652-4657.

[74] 秦波涛,王德明.矿井防灭火技术现状及研究进展[J].中国安全科学学报,2007, 17(12):80-85.

[75] 秦波涛,王德明,毕强,等.三相泡沫防治采空区煤炭自燃研究[J].中国矿业大学学报, 2006,35(2):162-166.

[76] 冯光明,孙春东,王成真,等.超高水材料采空区充填方法研究[J].煤炭学报,2010, 35(12):1963-1968.

[77] 鲁义.防治煤炭自燃的无机固化泡沫及特性研究[D].徐州:中国矿业大学,2015.

[78] 林柏泉,张仁贵,吕恒宏.瓦斯爆炸过程中火焰传播规律及其加速机理的研究[J].煤炭 学报,1999,24(1):56-59.

[79] 曲志明,周心权,王海燕,等.瓦斯爆炸冲击波超压的衰减规律[J].煤炭学报,2008, 33(4):410-414.

[80] 潘尚昆,李增华,林柏泉,等.氢气及重烃组分对瓦斯爆炸下限影响的实验研究[J].湖 南科技大学学报(自然科学版),2008,23(3):23-27.

[81] 周利华.矿井火区可燃性混合气体爆炸三角形判断法及其爆炸危险性分析[J].中国安 全科学学报,2001,11(2):47-51.

[82] 秦玉金,姜文忠,王学洋.采空区瓦斯爆炸(燃烧)点火源的确定[J].煤矿安全,2005, 36(7):35-37.

[83] ROBINSON C,SMITH D B. The auto-ignition temperature of methane[J].Journal of hazardous materials,1984,8(3):199-203.

[84] 李润之,司荣军.点火能量对瓦斯爆炸压力影响的实验研究[J].矿业安全与环保, 2010,37(2):14-16.

[85] 仇锐来.点火能量对瓦斯爆炸火焰传播速度的影响[J].煤炭科学技术,2011,39(3): 52-55.

[86] 王华,邓军,葛岭梅.初始压力对矿井可燃性气体爆炸特性的影响[J].煤炭学报,2011, 36(3):423-428.

[87] 李润之,黄子超,司荣军.环境温度对瓦斯爆炸压力及压力上升速率的影响[J].爆炸与 冲击,2013,33(4):415-419.

[88] 李增华,林柏泉,张兰君,等.氢气的生成及对瓦斯爆炸的影响[J].中国矿业大学学报, 2008,37(2):147-151.

[89] 景国勋,段振伟,程磊,等.瓦斯煤尘爆炸特性及传播规律研究进展[J].中国安全科学 学报,2009,19(4):67-72.

[90] 司荣军,王春秋,张延松,等.瓦斯煤尘爆炸传播研究综述及展望[J].矿业安全与环保, 2007,34(1):67-69.

[91] 林柏泉,桂晓宏.瓦斯爆炸过程中火焰传播规律的模拟研究[J].中国矿业大学学报, 2002,31(1):6-9.

[92] 王东武,杜春志.巷道瓦斯爆炸传播规律的试验研究[J].采矿与安全工程学报,2009, 26(4):475-480.

[93] 杨书召,景国勋,贾智伟.矿井瓦斯爆炸冲击气流伤害研究[J].煤炭学报,2009, 34(10):1354-1358.

[94] 林柏泉,周世宁,张仁贵.障碍物对瓦斯爆炸过程中火焰和爆炸波的影响[J].中国矿业大学学报,1999,28(2):104-107.

[95] 景国勋,吴昱楼,郭绍帅,等.障碍物对瓦斯煤尘爆炸火焰传播规律的影响[J].中国安全生产科学技术,2019,15(9):99-104.

[96] 林柏泉,叶青,翟成,等.瓦斯爆炸在分岔管道中的传播规律及分析[J].煤炭学报,2008,33(2):136-139.

[97] 贾智伟,景国勋,程磊,等.巷道截面积突变情况下瓦斯爆炸冲击波传播规律的研究[J].中国安全科学学报,2007,17(12):92-94.

[98] 何学秋,杨艺,王恩元,等.障碍物对瓦斯爆炸火焰结构及火焰传播影响的研究[J].煤炭学报,2004,29(2):186-189.

[99] 罗振敏,邓军,文虎,等.小型管道中瓦斯爆炸火焰传播特性的实验研究[J].中国安全科学学报,2007,17(5):106-109.

[100] 贾宝山,胡如霞,皮子坤,等.采空区遗煤自燃产生的 C_2H_4 促进瓦斯爆炸特性[J].辽宁工程技术大学学报(自然科学版),2015,34(6):677-682.

[101] 顾周杰,刘贞堂,刘浩雄,等.煤自燃气体特征及其对瓦斯爆炸下限影响实验研究[J].工矿自动化,2019,45(11):59-64.

[102] 焦宇,段玉龙,周心权,等.煤矿火区密闭过程自燃诱发瓦斯爆炸的规律研究[J].煤炭学报,2012,37(5):850-856.

[103] 时国庆,周涛,刘茂喜,等.矿井火区封闭进程中瓦斯爆炸危险性的数值模拟分析[J].中国矿业大学学报,2017,46(5):997-1006.

[104] 陆卫东,贾宝山,李守国,等. CO_2 气体对瓦斯爆炸的阻尼效应研究[J].煤矿安全,2016,47(9):1-3.

[105] 陈晓坤,丁园月,程方明,等. CO_2 对矿井多组分可燃性气体抑爆特性的影响[J].煤炭科学技术,2015,43(3):43-47.

[106] 路长,王鸿波,张运鹏,等.氮气幕对瓦斯爆炸进行阻爆实验[J].化工进展,2019,38(7):3056-3064.

[107] 贾宝山,李艳红,曾文,等.定容体系中氮气影响瓦斯爆炸反应的动力学模拟[J].过程工程学报,2011,11(5):812-817.

[108] 王华,葛岭梅,邓军.惰性气体抑制矿井瓦斯爆炸的实验研究[J].矿业安全与环保,2008,35(1):4-7,91.

[109] 王连聪,陈洋.封闭空间水及 CO_2 对瓦斯爆炸反应动力学特性的影响分析[J].煤矿安全,2011,42(7):16-20.

[110] 余明高,安安,游浩.细水雾抑制管道瓦斯爆炸的实验研究[J].煤炭学报,2011,36(3):417-422.

[111] 贾宝山,王小云,张师一,等.受限空间中 CO 与水蒸汽阻尼瓦斯爆炸的反应动力学模拟研究[J].火灾科学,2013,22(3):131-139.

[112] 陆守香,何杰,于春红,等.水抑制瓦斯爆炸的机理研究[J].煤炭学报,1998(4):83-87.

[113] 程方明,邓军,罗振敏,等.硅藻土粉体抑制瓦斯爆炸的实验研究[J].采矿与安全工程

学报,2010,27(4):607-607.

[114] 罗振敏,葛岭梅,邓军,等.纳米粉体对矿井瓦斯的抑爆作用[J].湖南科技大学学报(自然科学版),2009,24(2):19-23.

[115] 罗振敏,邓军,文虎,等.纳米粉体抑制矿井瓦斯爆炸的实验研究[J].中国安全科学学报,2008,18(12):84-88.

[116] 李树刚,安朝峰,潘宏宇,等.采空区煤自燃引发瓦斯爆炸致灾机理及防控技术[J].煤矿安全,2014,45(12):24-27.

[117] BRUNE J F. Methane-air explosion hazard within coal mine gobs[J]. Transactions of the society for mining,metallurgy,and exploration,2013,334:376-390.

[118] BRUNE J F,GRUBB J W,BOGIN G E,et al. A critical look at longwall bleeder ventilation[C]//15th North American Mine Ventilation Symposium,2015.

[119] BRUNE J F,GRUBB J W,BOGIN G E,et al. Lessons learned from research about methane explosive gas zones in coal mine gobs[J]. International journal of mining and mineral engineering,2016,7(2):155.

[120] GILMORE R C,MARTS J A,BRUNE J F,et al. An innovative meshing approach to modeling longwall gob gas distributions and evaluation of back return using computational fluid dynamics[C]//2014 SME Annual Meeting,2014.

[121] KUNDU S, ZANGANEH J, MOGHTADERI B. A review on understanding explosions from methane-air mixture[J]. Journal of loss prevention in the process industries,2016,40:507-523.

[122] 刘晟,赵耀江,刘玉龙,等."J"型通风系统采空区瓦斯运移与漏风规律的相似模拟[J].煤矿安全,2013,44(9):28-30.

[123] 蒋春林.基于采空区三维流场实验台的"U+L+高抽"通风系统模拟实验研究[D].徐州:中国矿业大学,2014.

[124] 王树刚,迟子豪,张腾飞,等.U型通风采场的温度场相似实验模型[J].中国矿业大学学报,2012,41(1):31-36.

[125] 姜华.采空区气体渗流相似模拟实验平台研发及应用[D].西安:西安科技大学,2013.

[126] 宋钰.采空区瓦斯运移规律实验与数值模拟研究[D].西安:西安科技大学,2014.

[127] 周福宝,夏同强,史波波.瓦斯与煤自燃共存研究(Ⅱ):防治新技术[J].煤炭学报,2013,38(3):353-360.

[128] 程卫民,张孝强,王刚,等.综放采空区瓦斯与遗煤自燃耦合灾害危险区域重建技术[J].煤炭学报,2016,41(3):662-671.

[129] 夏同强.瓦斯与煤自燃多场耦合致灾机理研究[D].徐州:中国矿业大学,2015.

[130] 常绪华.采空区煤自燃诱发瓦斯燃烧(爆炸)规律及防治研究[D].徐州:中国矿业大学,2013.

[131] 周西华.双高矿井采场自燃与爆炸特性及防治技术研究[D].阜新:辽宁工程技术大学,2006.

[132] ÖZGEN K C. Prediction of porosity and permeability of caved zone in longwall gobs

[J]. Transport in porous media,2010,82(2):413-439.

[133] EJLALI A,HOOMAN K. Buoyancy effects on cooling a heat generating porous medium:coal stockpile[J]. Transport in porous media,2011,88(2):235-248.

[134] NIELD D A,BEJAN A. Convection in porous media[M]. 4th ed. New York: Springer,2013.

[135] 林建忠,阮晓东,陈邦国,等. 流体力学[M]. 北京:清华大学出版社,2005.

[136] SHAUGHNESSY E J,KATZ I M,SCHAFFER J P. Introduction to fluid mechanics [M]. New York:Oxford University Press,2005.

[137] ANDERSON J. Computational fluid dynamics[M]. [S. l. :s. n.],1995.

[138] VISHAL A J. Forchheimer porous-media flow models-numerical investigation and comparison with experimental data[D]. Stuttgart:Universität Stuttgart,2011.

[139] WHITAKER S. The Forchheimer equation:a theoretical development[J]. Transport in porous media,1996,25(1):27-61

[140] WELTY J R. Fundamentals of momentum,heat,and mass transfer[M]. 5th ed. [S. l. :s. n.],2008.

[141] FORCHHEIMER P H. Wasserbewegun durch boden[J]. Zeitsch-rift des vereines deutscher ingenieure,1901,49(1):1736-1749.

[142] POP I I,INGHAM D B. Convective heat transfer mathematical and computational modelling of viscous fluids and porous media[M]. [S. l. :s. n.],2001.

[143] HOOMAN K,LI J,DAHARID M. Thermal dispersion effects on forced convection in a porous-saturated pipe[J]. Thermal science and engineering progress,2017, 2:64-70.

[144] KUZNETSOV A V. Analytical study of fluid flow and heat transfer during forced convection in a composite channel partly filled with a brinkman-forchheimer porous medium[J]. Flow,turbulence and combustion,1998,60(2):173-192.

[145] CARRAS J, YOUNG B. Self-heating of coal and related materials: models, application and test methods[J]. Progress in energy and combustion science,1994, 20(1):1-15.

[146] REES D A S,BASSOM A P,SIDDHESHWAR P G. Local thermal non-equilibrium effects arising from the injection of a hot fluid into a porous medium[J]. Journal of fluid mechanics,2008,594:379-398.

[147] MORAN M J,SHAPIRO H N. Fundamentals of engineering thermodynamics[M]. 4th ed. New York:John Wiley & Sons,2000.

[148] EDWARD J T. Molecular volumes and the Stokes-Einstein equation[J]. Journal of chemical education,1970,47(4):261-270.

[149] CUSSLER E L. Diffusion:mass transfer in fluid systems[M]. 3rd ed. Cambridge: Cambridge University Press,2009.

[150] SARIPALLI K P, SERNE R J, MEYER P D, et al. Prediction of diffusion coefficients in porous media using tortuosity factors based on interfacial areas[J].

Groundwater,2002,40(4):346-352.

[151] CHOU H,WU L S,ZENG L Z,et al. Evaluation of solute diffusion tortuosity factor models for variously saturated soils [J]. Water resources research, 2012, 48(10):W10539.

[152] IIYAMA I,HASEGAWA S. Gas diffusion coefficient of undisturbed peat soils[J]. Soil science and plant nutrition,2005,51(3):431-435.

[153] TJADEN B,COOPER S,BRETT D,et al. On the origin and application of the Bruggeman correlation for analysing transport phenomena in electrochemical systems[J]. Current opinion in chemical engineering,2016,12:44-51.

[154] FETTER C W. Applied hydrogeology[M].[S. l. :s. n.],2000.

[155] WILHELM R H. Progress towards the a priori design of chemical reactors[J]. Pure and applied chemistry,1962,5(3/4):403-422.

[156] DELGADO J. Longitudinal and transverse dispersion in porous media[J]. Chemical engineering research and design,2007,85(9):1245-1252.

[157] FREEZE R,CHERRY J. Groundwater[M].[S. l. :s. n.],1979.

[158] GUO P,ZHENG L,SUN X M,et al. Sustainability evaluation model of geothermal resources in abandoned coal mine[J]. Applied thermal engineering, 2018, 144: 804-811.

[159] SHAO H,JIANG S G,WANG L Y,et al. Bulking factor of the strata overlying the gob and a three-dimensional numerical simulation of the air leakage flow field[J]. Mining science and technology (China),2011,21(2):261-266.

[160] PALCHIK V. Bulking factors and extents of caved zones in weathered overburden of shallow abandoned underground workings [J]. International journal of rock mechanics and mining sciences,2015,79:227-240.

[161] 徐永圻.煤矿开采学[M].徐州:中国矿业大学出版社,1999.

[162] ZHANG J,AN J Y,WANG Y G,et al. Philosophy of longwall goaf inertisation for coal self-heating control,proactive or reactive? [J]. International journal of heat and mass transfer,2019,141:542-553.

[163] NING J G,WANG J, TAN Y L,et al. Mechanical mechanism of overlying strata breaking and development of fractured zone during close-distance coal seam group mining[J]. International journal of mining science and technology, 2020, 30 (2): 207-215.

[164] LIU J J,GAO J L,YANG M,et al. Numerical simulation of parameters optimization for goaf gas boreholes[J]. Advances in civil engineering,2019,2019:1-13.

[165] DARCY H. Les fontaines publiques de la ville de Dijon[M].[S. l. :s. n.],1856.

[166] KOZENY J. Ueber kapillare leitung des wassers im boden[J]. Sitzungsber akad wiss,wien,1927,136(2):271-306.

[167] CARMAN P C. Fluid flow through granular beds[J]. Transactions,institution of chemical engineers,1937,15:150-166.

[168] ERGUN S. Fluid flow through packed columns[J]. Chemical engineering progress, 1952,48(2):89-94.

[169] 杨俊杰. 相似理论与结构模型试验[M]. 武汉:武汉理工大学出版社,2005.

[170] 中华人民共和国应急管理部,国家矿山安全监察局. 煤矿安全规程[M]. 北京:应急管理出版社,2022.

[171] DENG J,LI Q W,XIAO Y,et al. Experimental study on the thermal properties of coal during pyrolysis,oxidation,and re-oxidation[J]. Applied thermal engineering, 2017,110:1137-1152.

[172] SVEN F. The variability of rock thermal properties in sedimentary basins and the impact on temperature modelling:a Danish example[J]. Geothermics,2018,76:1-14.

[173] 张国枢. 通风安全学[M]. 2 版. 徐州:中国矿业大学出版社,2011.